主编　　中国建设监理协会

中国建设监理与咨询

31

2019 / 6

总 第 31 期

CHINA CONSTRUCTION
MANAGEMENT and CONSULTING

U0170107

图书在版编目（CIP）数据

中国建设监理与咨询. 31 / 中国建设监理协会主编. —北京：中国建筑
工业出版社，2020.4
ISBN 978-7-112-24885-8

Ⅰ.①中…　Ⅱ.①中…　Ⅲ.①建筑工程—监理工作—研究—中国
Ⅳ.①TU712.2

中国版本图书馆CIP数据核字（2020）第031280号

责任编辑：费海玲　焦　阳
责任校对：赵　菲

中国建设监理与咨询　31

主编　中国建设监理协会

*

中国建筑工业出版社出版、发行（北京海淀三里河路9号）

各地新华书店、建筑书店经销

北京雅盈中佳图文设计公司制版

天津图文方嘉印刷有限公司印刷

*

开本：880×1230毫米　1/16　印张：7¹/₂　字数：300千字

2020年4月第一版　2020年4月第一次印刷

定价：**35.00元**

ISBN 978-7-112-24885-8

（35627）

31
2019 / 6
总第31期

CHINA CONSTRUCTION
MANAGEMENT and CONSULTING

中国建设监理与咨询

目录 CONTENTS

■ 行业动态

■ 政策法规消息

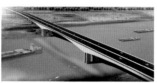

"房屋建筑工程监理工作标准"课题组召开行业主管部门及建设单位专家研讨会

2019年10月28日下午,中国建设监理协会"房屋建筑工程监理工作标准"课题组在江苏建科工程咨询有限公司召开行业主管部门及建设单位专家研讨会。江苏省住房和城乡建设厅工程质量安全监管处处长汪志强、江苏省建设工程质量监督总站站长李新忠等专家应邀出席研讨会议。课题组专家成员、江苏省建设监理与招投标协会秘书处办公室主任陈莹等相关人员参加了会议。

会议由课题组组长、中国建设监理协会副会长、江苏省建设监理与招投标协会会长陈贵主持。本课题是以房屋建筑工程监理工作为对象,重点解决监理"管的松、管的宽、管的软"的问题,促进房屋建筑工程监理工作标准化,提高房屋建筑工程监理人员业务能力,提升监理行业服务质量和服务水平。

(江苏省建设监理与招投标协会陈莹 供稿)

"中国建设监理协会会员信用评估标准"课题研究成果成功验收

2019年11月26日,"中国建设监理协会会员信用评估标准"课题验收会在长沙召开,课题组和验收组等10余位专家参加了会议。会议由验收组组长、中国建设监理协会副会长孙成主持,湖南省住房和城乡建设厅建筑管理处副处长汪加武出席会议并致辞,中国建设监理协会副会长兼秘书长王学军作总结讲话。

课题组组长、湖南省建设监理协会常务副会长兼秘书长屠名瑚代表课题组汇报了"中国建设监理协会会员信用评估标准"的研究过程和内容。与会领导和专家依次对研究报告和成果提出了修改意见和评审意见,认为该课题成果达到了建筑行业领先水平,为中国建设监理协会会员信用评估工作提供了依据,填补了监理行业诚信体系建设的空白,对于会员信用评估工作规范化、标准化将起到积极的推进作用。

经验收专家组集体审议,一致同意课题验收通过,并建议中国建设监理协会在广泛征求意见及完善后形成团体标准,在行业内发布使用。

(湖南省建设监理协会 供稿)

中国建设监理协会"建设工程监理团体标准编制导则"课题验收会在郑州召开

2019年11月28日,中国建设监理协会"建设工程监理团体标准编制导则"课题验收会在郑州召开。课题组及验收组20余位专家参加会议。协会副秘书长温健出席会议,会议由中国建设监理协会专家委员会副主任、验收组组长刘伊生主持,河南省建设监理协会会长陈海勤出席会议并致辞,河南省建设监理协会常务副会长兼秘书长孙惠民代表课题组作工作汇报。

课题组专家汇报了"建设工程监理团体标准编制导则"(以下简称"导则")的研究过程和相关研究内容。与会领导和专家认真审阅了课题相关资料,依次对研究报告和成果提出了修改建议和评审意见,认为课题成果能够满足建设工程监理团体标准编写实际需求,层次清晰、内容全面、语言规范,具有针对性、适用性和创新性,填补了建设工程监理团体标准编制的空白。经验收专家集体审议,一致同意课题通过验收,并建议进一步完善"导则",以团体标准形式发布。

中国建设监理协会"房屋建筑工程监理工作标准"课题验收会顺利召开

2019 年 12 月 21 日，中国建设监理协会"房屋建筑工程监理工作标准"（以下简称"标准"）课题验收会顺利召开，课题组及验收组 16 位专家参加会议。会议由课题验收组组长、中国建设监理协会专家委员会副主任杨卫东主持，课题组组长、江苏省建设监理与招投标协会会长陈贵参加会议，中国建设监理协会会长王早生作总结讲话。

江苏省建设监理与招投标协会专家委员会副主任委员李存新代表课题组汇报了"标准"的研究过程和相关内容。与会领导和专家认真审阅了课题相关资料，依次对研究报告和成果提出了修改建议和评审意见，认为该课题研究成果为指导房屋建筑工程领域监理工作提供了依据，对监理工作的标准化、规范化将起到积极的推动作用。经验收专家集体审议，一致同意课题通过验收，并建议中国建设监理协会对"标准"进一步完善后，以团体标准形式发布。

中国建设监理协会会长王早生对课题组认真的研究态度和研究成果给予了高度评价，充分肯定了课题组凝聚广大监理企业、政府主管部门、建设单位以及施工单位共识的研究方法以及"习惯符合标准、标准成为习惯"的研究理念，研究成果具有较强的指导性、可操作性，并对课题组各位专家的辛勤付出表示感谢。

中国建设监理协会"BIM 技术在监理工作中的应用"课题成果验收会顺利召开

2019 年 12 月 26 日，中国建设监理协会"BIM 技术在监理工作中的应用"课题研究成果验收会在南昌召开，中国建设监理协会验收组专家及课题组成员等近 20 位专家参加了会议。中国建设监理协会专家委员会常务副主任修璐、广东省建设监理协会会长孙成、中国钢结构协会管理咨询分会理事长董晓辉、河南省建设监理协会副会长黄春晓等专家对课题成果进行验收评审，中国建设监理协会会长王早生作总结讲话。

江西省建设监理协会会长丁维克出席会议并致辞。课题汇报由上海市建设工程咨询行业协会秘书长徐逢治主持，同济大学教授李永奎代表课题组介绍了研究成果。本课题通过理论研究和实践案例分析相结合的方式，调研 BIM 技术在监理工作中的应用现状以及存在的问题，结合 BIM 技术在监理工作中的具体应用，总结 BIM 技术对于传统监理工作及监理行业转型升级的重要性。验收专家认真审阅了课题相关资料，认为报告逻辑清晰、内容翔实、案例引用丰富、国内外信息对比齐全，对 BIM 技术在传统监理工作中的应用提供了意见，为监理企业转型升级提供了有益的借鉴，具有较强的前瞻性、针对性、操作性和创新性，对今后推进实际工作具有较高的指导价值。经验收专家集体审议，一致同意课题成果通过验收。

最后，中国建设监理协会会长王早生作总结讲话，他对课题组认真的研究态度和高质量的研究成果给予了高度评价。他指出，BIM 技术是实现监理企业转型升级的重要途径，报告成果是阶段性的胜利，也是新的起点和征程；接下来还将继续做好成果应用工作，通过案例分享、宣贯培训等方式，在行业内扩大影响，使更多监理企业能主动迎接市场需求带来的技术创新挑战，把 BIM 技术应用在监理乃至全过程工程咨询中，以创造更大的价值。

本次验收会议，中国土木工程学会秘书长李明安、浙江省全过程工程咨询与监理管理协会常务副会长兼秘书长章钟、中国建设监理协会专家委员会副主任杨卫东、上海市建设工程咨询行业协会顾问会长孙占国、上海市建设工程咨询行业协会项目管理委员会副主任张建忠、江西恒实建设管理股份有限公司董事长贾明等专家一并出席。

（上海市建设工程咨询行业协会　供稿）

王早生会长参加全过程工程咨询业务交流会暨《全过程工程咨询内容解读和项目实践》首发仪式

2019年11月16日,中国建设监理协会会长王早生参加全过程工程咨询业务交流会暨《全过程工程咨询内容解读和项目实践》首发式。中国建筑工业出版社、北京市建设监理协会、北京工程咨询协会、部分全过程工程咨询试点企业、相关专家和企业代表也参加了活动。

王早生会长强调,监理行业还需要加强理论研究及其他基础性工作,不断提高技术水平和服务能力。全国监理行业一百万人的队伍,在项目上发挥着主导作用。我们要不忘初心,时时处处体现出监理工作的价值。

全过程工程咨询前景广阔,但理论研究还不够,专著更少,缺少理论指导的实践是盲目的实践。皮德江同志从工作实践中总结撰写的《全过程工程咨询内容解读和项目实践》一书,在这方面作出了有益的探索。

希望借助今天的这个活动,在监理行业形成一个学习、总结、提高的良好风气。依靠大家的共同努力,"补短板、扩规模、强基础、树正气",不断推动监理行业的转型升级,促进建筑业高质量发展。

2019年度《中国建设监理与咨询》编委会工作会在晋召开

2019年12月18日,中国建设监理协会主办、山西省监理协会协办的《中国建设监理与咨询》编委会工作会在山西太原召开。中国建设监理协会会长兼《中国建设监理与咨询》编委会主任王早生、副主任李明安、副主任唐桂莲出席会议。会议由中国建设监理协会副秘书长兼编委会副主任王月主持。

山西省建设监理协会苏锁成会长致辞,副秘书长兼副主任王月总结了2019年《中国建设监理与咨询》的工作情况及存在的问题,并提出2020年工作建议。编委刘基建通报了纪念中华人民共和国成立70周年征文活动结果。

山西省协会副会长兼秘书长陈敏及北京市建设监理协会信息部主任石晴分别作"博采众长永葆生机 心贴会员常利行业""砥砺奋进谋发展 不忘初心做宣传"的主题交流。上海现代建筑设计集团工程建设咨询有限公司资深总工梁士毅专家作"监理向全过程转型中的数据技术创新"的专题演讲。

与会代表就2020年刊物协办及稿件提供等工作进行了研讨。大家希望通过共同努力,群策群力,把《中国建设监理与咨询》做成对外展示形象的有形名片,发展成为代表监理行业高水平、有价值的指导刊物。

最后,中国建设监理协会王早生会长以"为了促进监理行业'补短板、扩规模、强基础,树正气'改革发展 积极做好宣传工作"为题,作总结讲话。王会长说《中国建设监理与咨询》始终坚持服务监理行业、服务会员的办刊方向,积极宣传监理行业政策、法规,推广行业先进技术和手段,交流创新发展新经验,及时传递行业动态,宣传报道行业正能量,为监理行业的发展作出了贡献。

王会长强调,当前行业要以开放的胸怀和包容的姿态来"跳出监理看监理",但不能丢掉监理,因为这是根,也是我们的所长,我们不能容易满足,坐享其成,否则就会被时代所抛弃,逆水行舟,不进则退。王会长用"补短板、扩规模,强基础,树正气"四个词就行业下一步发展和转型升级如何着力,以及明年的工作要点和计划安排作了生动阐述,王会长希望行业同仁同心同德、同舟共济,以"问题导向"为突破口,以强烈的责任感和使命感,以更宽广的视野、更优质的服务,为监理行业的改革创新发展作出更大的贡献。

王早生会长参加中国电力建设企业协会第五届电力监理咨询专委会第二次会员代表会议

2019年11月6日，中国建设监理协会会长王早生参加中国电力建设企业协会（以下简称中电建协）第五届电力监理咨询专委会第二次会员代表会议。

王早生会长向会议的召开表示祝贺，对专委会所做的工作予以充分肯定。他在会上作了题为"工程监理是工程建设事业高质量发展的重要力量"的报告。他强调：监理的重要性不容置疑，要认清形势，以目标为导向、以需求为导向、以问题为导向，根据政府、社会市场和业主要求提供高水平的专业化和多元化服务。

王早生会长指出监理行业要在以下八个方面加强工作：一是监理的重要性不容置疑；二是进一步明确监理定位和职责；三是加强理论研究、探索文化建设；四是探索创新监管模式，履行社会责任；五是监理企业应当成为全过程工程咨询的主力军；六是精前端，强后台；七是保险与监理的关系；八是补足短板，做大做强。

最后，王早生会长希望监理行业"补短板、扩规模、强基础、树正气"，抓住机遇，扬长补短，改革创新，砥砺奋进，为工程建设事业高质量发展作出新贡献。

中国建设监理协会会长王早生莅临广西建设监理协会指导工作

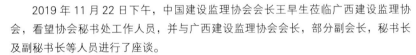

2019年11月22日下午，中国建设监理协会会长王早生莅临广西建设监理协会，看望协会秘书处工作人员，并与广西建设监理协会会长，部分副会长，秘书长及副秘书长等人员进行了座谈。

广西建设监理协会会长陈群毓向王早生会长简要汇报了广西建设监理行业发展现状；成立广西监理行业专家委员会及专家库，开展行业自律的情况；开展全过程工程咨询工作的总体情况；协助主管部门编制广西建设监理行业信用评价体系，维护监理行业市场秩序；汇报广西建设监理协会组织起草编写的"项目监理人员配置标准""监理工作质量标准""工程监理资料管理标准化指南"等课题的情况。

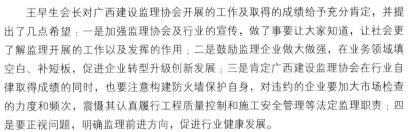

王早生会长对广西建设监理协会开展的工作及取得的成绩给予充分肯定，并提出了几点希望：一是加强监理协会及行业的宣传，做了事要让大家知道，让社会更了解监理开展的工作以及发挥的作用；二是鼓励监理企业做大做强，在业务领域填空白、补短板，促进企业转型升级创新发展；三是肯定广西建设监理协会在行业自律取得成绩的同时，也要注意构建防火墙保护自身，对违约的企业要加大市场检查的力度和频次，震慑其认真履行工程质量控制和施工安全管理等法定监理职责；四是要正视问题，明确监理前进方向，促进行业健康发展。

（广西建设监理协会　供稿）

广西壮族自治区全过程工程咨询培训顺利举办

2019年12月6日，受广西住房和城乡建设厅建管处委托，广西建设监理协会在广西建设五象大酒店举办全过程工程咨询培训，来自自治区各地市以及区外部分会员单位的主要负责人、总工程师、项目负责人等共440人参加了此次培训。

此次培训协会特别邀请到行业内极具影响力的专家为学员授课。其中，浙江江南工程管理股份有限公司副总工程师兼江南管理学院副院长郑大为主讲"全过程工程咨询概述——基于某项目管理公司的实践"；四川晨越建管集团董事、副总裁陈代莲主讲"造价咨询在全过程咨询中如何发挥核心作用"；上海建科工程咨询有限公司副总工程师张云鹤主讲"全过程工程咨询实操与案例"。

（广西建设监理协会黄华宇　供稿）

中国建设监理协会化工监理分会 2019 年换届工作会暨全体会员大会在杭州顺利召开

2019 年 11 月 28 日，中国建设监理协会化工监理分会 2019 年换届工作会暨全体会员大会在浙江杭州顺利召开。来自全国 70 余名会员代表参加会议，中国建设监理协会副会长兼秘书长王学军、浙江省全过程工程咨询与监理管理协会秘书长章钟、中国化工施工企业协会会长余津勃出席会议并分别致辞，中国建设监理协会联络部副主任周舒出席会议。会议由化工监理分会秘书长王红主持。

中国建设监理协会副会长兼秘书长王学军对化工监理分会在促进行业高质量发展、维护化工监理行业市场秩序、弘扬正能量、发挥化工监理作用、保障工程质量、推动工程监理创新发展等方面的工作给予了充分的肯定。

名誉会长潘宗高作"不忘初心，牢记使命，为推进新时代化工建设作出新贡献"工作报告。

大会审议通过了"关于修改《中国建设监理协会化工监理分会工作条例》的说明""关于吸收化工监理分会新会员的报告""关于化工监理分会第三届常务理事会组成建议""关于化工监理分会第三届理事会秘书处副秘书长人选及设立专业机构的说明""关于制定化工工程监理工作规程的情况说明"。

（中国建设监理协会化工监理分会 供稿）

中国建设监理协会石油天然气分会理事会（扩大会）暨工程项目管理经验交流会顺利召开

2019 年 11 月 18 日，中国建设监理协会石油天然气分会四届二次理事会（扩大会）暨工程项目管理经验交流会在北京顺利召开。中国石油工程建设协会常务副理事长杨庆前，中国建设监理协会常务理事、项目管理专委会主任，石油监理分会会长周树彤，石油天然气分会副会长、理事、会员单位代表，以及特邀嘉宾中国建设监理协会副会长、重庆联盛建设项目管理有限公司董事长兼总经理雷开贵，共 67 人出席会议。

杨庆前介绍了中国石油工程建设协会的服务范围和评优工作的开展情况，以及项目管理专委会的建设发展情况。周树彤作了项目管理专委会及石油监理分会工作报告。大会审议通过了项目管理专委会关于增补副主任的报告，石油监理分会关于发展单位会员及变更副会长、理事的报告，宣布了优秀项目管理成果、优秀论文获奖名单，并为优秀项目管理成果获奖单位进行了颁奖。

（中国建设监理协会石油天然气分会晁玉艳 徐慧 供稿）

吉林省建设监理协会召开第五届四次会员代表大会

2019 年 12 月 25 日上午，吉林省建设监理协会（以下简称省协会）召开第五届四次会员代表大会。出席会议领导有省协会会长张明，省协会副会长谷秀惠、宣黎光、葛传宝、崔维汉、李可可等。会议由省协会副会长兼秘书长安玉华主持。协会会员单位代表共 300 余人出席会议。

张明会长作"吉林省建设监理协会 2019 年工作总结和 2020 工作计划"的报告。

大会审议通过"吉林省建设监理协会关于增补常务理事的报告""吉林省建设监理协会关于发展单位会员的报告""吉林省建设监理协会个人会员管理办法（试行）""吉林省建设监理协会个人会员会费标准与缴费办法（试行）""吉林省建设监理协会会费收取及管理办法"。

大会宣读"关于吉林省建设监理协会评选'杰出监理工程师'结果的通知""关于评选 2018 年度'先进工程监理企业''优秀总监理工程师''优秀监理工程师'结果的通知"。

（吉林省建设监理协会 供稿）

北京市建设监理行业篮球联赛成功举行

2019 年 11 月 29 日，北京市建设监理行业篮球联赛晋级决赛在京丰南体育俱乐部和动因体育馆圆满落幕。本次篮球联赛由北京市建设监理协会主办。北京市住房和城乡建设委员会质量处正处级调研员于扬、中国建设监理协会副秘书长王月、办公室副主任孙璐、北京市建筑业联合会副会长王翀，北京市建设监理协会会长、副会长等领导和 120 位嘉宾出席此次活动。

从 2019 年 11 月 8 日 ~29 日，历时近一个月的北京市监理行业篮球联赛，共有 52 家监理单位报名，312 名运动员参赛，近 800 名职工广泛参与。各代表队共进行了 166 场紧张激烈的角逐，最后决出优胜者。赛场上，参赛队员本着"友谊第一，比赛第二"的原则，比水平、赛风格。比赛所呈现的不仅仅是高超的球技，也展现了队员们团结协作、砥砺奋进的精气神。

（北京市建设监理协会　供稿）

福建省工程监理与项目管理协会第六届第一次会员大会（理事会）在福州召开

2019 年 11 月 27 日下午，福建省工程监理与项目管理协会第六届第一次会员大会（理事会）在福州召开，中国建设监理协会会长王早生、副秘书长王月，福建省住建厅总工程师陈义雄莅临指导。

第五届理事会会长张际寿作了"不忘初心、开拓创新，推动工程监理行业持续健康发展"的工作报告。

会议审议并表决了"福建省工程监理与项目管理协会章程""福建省工程监理与项目管理协会换届选举办法""福建省建设监理行业自律公约"等多项草案，并投票选举福建海川工程监理有限公司董事长林俊敏同志担任会长；饶舜、郑奋、林金错、程保勇、林家明、缪存旭、张冀闽、黄和宾、姚双伙、洪开茂、邱国防担任副会长；江如树担任副会长兼秘书长；刘立担任监事长。

新当选的理事会会长林俊敏表示，协会将充分发挥好在政府和企业间的桥梁纽带作用，全心全意服务会员、服务行业、服务社会。

王早生会长从宏观角度对监理行业提出要求，监理企业要"补短板、扩规模、强基础、树正气"，主动作为，提升行业地位，强化行业发展意识，做大做强行业规模，为全面推动行业持续健康发展作出积极贡献。

（福建省工程监理与项目管理协会　供稿）

贵州省建设监理协会召开骨干工程监理企业技术负责人安全专题研讨会

为了汲取贵阳市美的广场"10·28"较大安全事故的教训，进一步督促工程监理单位履行建设工程安全生产管理的法定职责，贵州省建设监理协会于 2019 年 11 月 12 日下午，在协会会议室召开了省内骨干监理企业技术负责人专题研讨会。协会秘书长汤斌主持了研讨会。

专家针对本次安全事故进行了分析和总结，指出对地下结构尚未全部完工的局部不均衡的回填工程，也应编制专项施工方案并进行安全验算。

汤斌秘书长作会议小结。他要求监理单位技术负责人要努力提高监理人员特别是总监理工程师的责任意识，同时要千方百计地提升总监理工程师的技术水平、管理水平和沟通协调能力，使监理单位在安全生产管理方面的尽职履责落到实处。

（贵州省建设监理协会高汝阳　供稿）

河北省建筑市场发展研究会举办的2019年建设工程质量安全监理知识网络竞赛圆满结束

历时 3 个月的河北省建筑市场发展研究会举办的"不忘初心，牢记使命"2019 年建设工程质量安全监理知识网络竞赛活动于 10 月 31 日圆满结束。

网络竞赛充分体现全员参与，以赛促学；运用网络，持续学习；共用平台，提升素质；动态排名，公开透明的效果。有关单位会员高度重视，指定专人负责组织、协调，参赛人员积极踊跃，相互学习、相互促进，充分展示企业创建学习型组织成果和监理从业人员个人综合素质。河北省建筑市场发展研究会认真总结竞赛过程中出错率较高的试题，并向会员公布，希望各单位会员组织本单位人员认真学习，分析研究所涉及的法律法规、标准、规范，以更好地开展监理工作。

（河北省建筑市场发展研究会　供稿）

天津市建设监理协会召开党建联络员暨联络员工作会

2019 年 11 月 12 日下午，天津市建设监理协会在天津市华城宾馆召开党建联络员暨联络员工作会，天津市建设监理协会会员、企业党建联络员及联络员共 160 余人参会，会议由天津市建设监理协会发展部主任张帅主持。

天津市建设监理协会办公室主任段琳宣读"天津市建设监理协会党建工作联络员制度"。

天津华北工程监理公司、天津市国际工程建设监理公司两位企业代表介绍了企业在监理项目上与建设、施工等单位共同建立联合党支部开展党建工作的经验和成果，为协会会员企业在建设项目中开展党建工作开拓了思路，积累了经验。

天津市建设监理协会党支部书记、秘书长马明同志汇报协会上半年工作总结及下半年工作安排并通报了四届二次理事会通过的"天津市建设监理协会注销天津市天津建设监理培训中心"的决议落实情况。

（天津市建设监理协会　供稿）

天津市建设监理协会召开第四届四次会员代表大会暨理事会

2019 年 11 月 26 日下午，天津市建设监理协会第四届四次会员代表大会暨理事会在天津市政协俱乐部四楼会议厅召开，协会会员代表、理事会、监事会及个人会员代表共 110 余人出席会议。会议由天津市建设监理协会副理事长庄洪亮主持。

郑立鑫理事长作了"天津市建设监理协会 2019 年前三季度工作总结与四季度工作安排"的报告。

大会审议通过了"关于调整、增补天津市建设监理协会第四届理事会理事的议案""关于天津电力工程监理有限公司辞去副理事长单位保留理事单位、会员单位的议案""关于增补天津市建设监理协会第四届理事会副理事长的议案""关于协会四届二次理事会'关于天津市建设监理协会注销天津市天津建设监理培训中心的决议'的落实情况的报告"。

何朝晖副理事长宣布"天津市建设监理协会第四届四次理事会决议"。

马明秘书长宣读"关于协会四届二次理事会'关于天津市建设监理协会注销天津市天津建设监理培训中心的决议'的落实情况的报告"。

（天津市建设监理协会　供稿）

中国铁道工程建设协会庆祝中华人民共和国成立70周年铁路监理突出贡献者表扬大会暨监理创新发展论坛在郑州召开

2019年10月31日，中国铁道工程建设协会庆祝中华人民共和国成立70周年铁路监理突出贡献者表扬大会暨监理创新发展论坛在郑州召开。中国建设监理协会、河南省建设监理协会、河南省铁道工程建设协会、中国铁道工程建设协会、中国铁道工程建设协会建设监理专业委员会的领导和会员单位的领导共计157人出席会议。

河南省铁道工程建设协会理事长朱胜利致辞。中国铁道工程建设协会副会长兼秘书长李学甫、中国建设监理协会副会长兼秘书长王学军讲话，充分肯定中华人民共和国成立70年来铁路建设在国民经济发展中的骨干作用，充分肯定铁路建设不断加快发展取得的巨大成就，以及铁路监理队伍在工程建设中作出的巨大奉献，对大会的顺利召开和受到表彰的突出贡献者表示祝贺。中国铁道工程建设协会建设监理专业委员会副主任、北京铁建工程监理有限公司总经理成跃利宣读表扬决定；大会向"铁路监理突出贡献者""突出贡献提名者"56名同志颁发证书、奖章。

（中国铁道工程建设协会 供稿）

河南省建设监理协会召开建设监理工作座谈会

2019年10月31日下午，河南省建设监理协会在郑州召开了建设监理工作座谈会，中国建设监理协会副会长兼秘书长王学军应邀出席座谈会，就建设监理行业人才如何培养、如何适应行业改革发展形势及对中国建设监理协会的工作建议听取了河南监理行业代表的意见和建议，并同与会代表进行了深入的交流和探讨。河南省建设监理协会会长陈海勤主持座谈会。

在听取座谈意见建议后，王学军秘书长就大家关注的改革发展、咨询取费、队伍建设、行业宣传、协会工作等问题作了详细交流。他指出，随着建设项目的增多，监理市场需求也不断增加，在当前国家法律制度不健全、社会诚信意识不强、建筑市场不规范的大环境下，监理在保障工程质量安全方面发挥了不可替代的作用，但行业发展也面临着高端人才紧缺和转型升级发展障碍较多等一系列问题，亟待解决。

河南建设监理协会会长陈海勤强调，河南省建设监理行业要认真学习领会王学军秘书长的讲话精神，加强行业人才培养、推动行业转型发展、加强行业宣传力度、强化行业诚信自律，主动作为，狠抓落实，不断推动河南省建设监理行业创新发展。

（河南省建设监理协会耿春 供稿）

河南省建设监理协会团体标准《装配式混凝土结构工程监理规程》评审会在漯河召开

2019年12月11日，河南省建设监理协会首个团体标准《装配式混凝土结构工程监理规程》（以下简称《规程》）评审会在漯河市顺利召开。中国建设监理协会会长王早生出席会议并讲话，漯河市住房和城乡建设局副局长程军伟出席会议并致辞，河南省建设监理协会副会长耿春主持会议。河南省建设监理协会专家委员会主任孙惠民担任评审组组长。评审专家组专家和编制组成员30余人参加会议。编制组就规程编制过程和相关编制内容作了汇报。

评审组专家评议认为评审资料齐全，符合《河南省建设监理协会团体标准管理暂行办法》的要求；《规程》对装配式混凝土结构工程监理工作提出了管理方面的要求，能够指导河南省装配式混凝土结构工程的监理工作；《规程》层次清晰、内容完整，具有一定的创新性，填补了河南省建设监理行业团体标准的空白。评审组专家一致同意通过审查。

（河南省建设监理协会耿春 供稿）

全国建筑工程品质提升推进会在武汉成功召开

2019 年 11 月 7 日，全国建筑工程品质提升推进会暨推行《工程质量安全手册》（以下简称《手册》）观摩会如期在武汉中建工程管理有限公司（以下简称中建管理公司）监理的中建铂公馆项目成功召开。来自住建部及全国各省、市、区 150 余名领导代表参加，住建部副部长易军和湖北省副省长杨云彦、中建三局董事长陈华元等应邀出席。

中建铂公馆项目监理部按照《手册》要求，通过一系列手段对监理规划、监理细则的编制和审批，单位资质审核，施工组织设计及方案审查，材料、设备、构配件的进场验收，施工过程的管控，关键部位和关键工序的旁站监督，日常巡视与检查等方面进行了系统的部署与安排。创新推出原材料、设备、构配件周质量检查工作制度、混凝土专项监管制度、重要的隐蔽工程或关键部位的举牌验收制度、现场安全周检查制度等，确保工程质量安全、平稳受控。

（武汉建设监理与咨询行业协会陈凌云　供稿）

武汉市城乡建设局、武汉建设监理与咨询行业协会对话交流会如期召开

为有效破解行业发展面临的实际难题，直面长期困扰企业发展的相关问题，共同商议合适的解决良方，2019 年 11 月 16 日，武汉市城乡建设局党组成员、副局长荣先国同志率局有关处室、站办领导走进协会，与协会常务理事、监事、行业自律委全体成员齐聚一堂，为行业解难纾困展开了一次有益的对话交流。

汪会长再次代表大家感谢荣局长和各位领导为解决行业问题所作出的全方位思考和明确表态，表示要把监理的责任履行好，把行业的合法权益维护好，把我们武汉工程监理咨询行业发展好。用监理人的履职尽责、敬业奉献、监理实效来回报市、区行业主管部门各级领导的关爱，回报社会、回馈国家。

（武汉建设监理与咨询行业协会陈凌云　供稿）

武汉市工程监理与咨询行业协会第三方购买服务结出硕果

2019 年 10 月 31 日由武汉建设监理与咨询行业协会承担的武汉市水务工程质量安全大检查圆满结束。

武汉建设监理与咨询行业发展安全专业委员会主任周兵、市场行为委员会副主任赵勇通过被检的 31 个项目的实际情况与国家现行法律法规及相关条例的对比分析，点评了项目存在的共性和突出问题，并对下一步如何抓实、抓牢安全生产责任提出了具体建议。

专家组除当日签发"检查工作整改问题清单"外，完成了"武汉市水务局 2019年度工程建设安全生产综合检查报告"，内容涉及本次检查项目的情况综述、发现问题的汇总分析以及对下一步监管工作提出的建议和意见。

通过此次承接武汉市水务局的购买服务，不仅锻炼了武汉建设监理与咨询行业专家队伍的能力，提升了专家的履职水平，更重要的是为武汉市工程监理与咨询企业在第三方购买服务上进行了有效尝试，也为引导武汉市工程监理与咨询企业创新发展、转型升级提供了更多的机会和平台。

（武汉建设监理与咨询行业协会陈凌云　供稿）

广东省建设监理协会组织创新发展交流团赴浙江、上海考察学习

2019年10月29日～11月2日，广东省建设监理协会会长孙成带领协会秘书处及27家会员单位对浙江省、上海市监理行业转型升级、创新发展的先进经验进行考察学习。

浙江省是全国全过程工程咨询的试点省份，在全过程工程咨询试点中积累了丰富经验，在工程监理行业转型升级中走在全国前列。上海市是中国监理行业中在企业转型升级、创新发展方面起步较早及发展较快的地区，涌现出不少示范性企业。

孙成会长表示，此次学习考察之行将为广东省建设监理行业转型升级提供对标参考，同时为实现协会了解会员发展诉求，更好地为会员提供精准服务奠定基础。

交流中，代表们纷纷表示，此次考察交流收获颇丰，不仅对全过程工程咨询有了更深入的了解，增强了全过程咨询实践的信心，也结识了很多省内外业界朋友。同时，大家希望协会能组织更多引导会员企业推进全过程工程咨询业务开展的相关活动，助力企业的转型升级和创新发展。

（广东省建设监理协会　供稿）

浙江省全过程工程咨询与监理行业赴深圳交流

2019年12月11日，由浙江省全过程工程咨询与监理管理协会常务副会长、秘书长章钟，副会长晏海军、蒋干福、黄永刚、卢一奇、杨智勇、唐宏业带队，浙江省全过程工程咨询与监理企业80余位负责人组成的赴深圳交流圆满结束。

深圳是中国改革开放的前沿城市，是规模化、复杂化、群休化工程的集中地，更被国家列为粤港澳大湾区中心城市和中国特色社会主义先行示范区。浙江省监理企业勇于开拓、善于创新，已有浙江江南工程管理股份有限公司、浙江五洲工程项目管理有限公司等多家单位先行进入深圳建筑市场，成功地开展了全过程工程咨询服务。

秘书长章钟表示，通过向深圳市的学习、交流，感慨良多，取到了真经，为浙江省下一步制定相关政策获取了有益经验，必将为推动浙江省全过程工程咨询工作起到重要的作用。不仅学有榜样，也增强了进一步推动全过程工程咨询的决心和信心。

（浙江省全过程工程咨询与监理管理协会　供稿）

山东省第二届项目管理论坛成功举办

2019年11月30日，由山东省建设监理协会联合举办的山东省第二届项目管理论坛在浪潮集团成功举办。来自各行业企业的主要负责人、项目管理专家、项目经理及项目管理从业人员近600人参加了本次论坛。

本次论坛以"创造力时代的项目管理"为主题，分别邀请了来自高校及企业的项目管理专家为大家分享经验。山东大学项目管理研究所所长丁荣贵教授作"创造力时代的项目管理"主题分享，新华社特约经济分析师栾大龙博士作"项目管理创新与新动能驱动"的主题分享，国家能源集团神华信息技术有限公司PMO总经理穆京丽作"基于胜任力模型的项目管理人才建设实践与思考"的主题分享，浪潮集团健康医疗事业本部副总经理、工信部人工智能专家潘琪作"项目管理在新型合作模式下健康医疗项目中的实践"的主题分享。

（山东省建设监理协会　供稿）

住房和城乡建设部 国家发展改革委关于印发房屋建筑和市政基础设施项目工程总承包管理办法的通知

建市规〔2019〕12号

各省、自治区住房和城乡建设厅、发展改革委，直辖市住房和城乡建设（管）委、发展改革委，北京市规划和自然资源委，新疆生产建设兵团住房和城乡建设局、发展改革委，计划单列市住房和城乡建设局、发展改革委：

为贯彻落实《中共中央国务院关于进一步加强城市规划建设管理工作的若干意见》和《国务院办公厅关于促进建筑业持续健康发展的意见》（国办发〔2017〕19号），住房和城乡建设部、国家发展改革委制定了《房屋建筑和市政基础设施项目工程总承包管理办法》。现印发给你们，请结合本地区实际，认真贯彻执行。

中华人民共和国住房和城乡建设部

中华人民共和国国家发展和改革委员会

2019 年 12 月 23 日

房屋建筑和市政基础设施项目工程总承包管理办法

第一章 总则

第一条 为规范房屋建筑和市政基础设施项目工程总承包活动，提升工程建设质量和效益，根据相关法律法规，制定本办法。

第二条 从事房屋建筑和市政基础设施项目工程总承包活动，实施对房屋建筑和市政基础设施项目工程总承包活动的监督管理，适用本办法。

第三条 本办法所称工程总承包，是指承包单位按照与建设单位签订的合同，对工程设计、采购、施工或者设计、施工等阶段实行总承包，并对工程的质量、安全、工期和造价等全面负责的工程建设组织实施方式。

第四条 工程总承包活动应当遵循合法、公平、诚实守信的原则，合理分担风险，保证工程质量和安全，节约能源，保护生态环境，不得损害社会公共利益和他人的合法权益。

第五条 国务院住房和城乡建设主管部门对全国房屋建筑和市政基础设施项目工程总承包活动实施监督管理。国务院发展改革部门依据固定资产投资建设管理的相关法律法规履行相应的管理职责。

县级以上地方人民政府住房和城乡建设主管部门负责本行政区域内房屋建筑和市政基础设施项目工程总承包（以下简称工程总承包）活动的监督管理。县级以上地方人民政府发展改革部门依据固定资产投资建设管理的相关法律法规在本行政区域内履行相应的管理职责。

第二章 工程总承包项目的发包和承包

（下文略）

（来源 住房和城乡建设部网）

国务院关于在自由贸易试验区开展"证照分离"改革全覆盖试点的通知

国发〔2019〕25号

各省、自治区、直辖市人民政府，国务院各部委、各直属机构：

近年来，国务院决定对部分涉企经营许可事项在上海等地试点开展"证照分离"改革并逐步复制推广，有效降低了企业制度性交易成本，优化了营商环境，激发了市场活力和社会创造力。为进一步克服"准入不准营"现象，使企业更便捷拿到营业执照并尽快正常运营，国务院决定，在全国各自由贸易试验区对所有涉企经营许可事项实行清单管理，率先开展"证照分离"改革全覆盖试点。现就有关事项通知如下：

一、总体要求

（一）指导思想。以习近平新时代中国特色社会主义思想为指导，全面贯彻党的十九大和十九届二中、三中、四中全会精神，按照党中央、国务院决策部署，持续深化"放管服"改革，进一步明晰政府和企业责任，全面清理涉企经营许可事项，分类推进审批制度改革，完善简约透明的行业准入规则，进一步扩大企业经营自主权，创新和加强事中事后监管，打造市场化、法治化、国际化的营商环境，激发微观主体活力，推动经济高质量发展。

（二）试点范围和内容。在深入总结近年来对部分涉企经营许可事项实施"证照分离"改革经验基础上，自2019年12月1日起，在上海、广东、天津、福建、辽宁、浙江、河南、湖北、重庆、四川、陕西、海南、山东、江苏、广西、河北、云南、黑龙江等自由贸易试验区，对所有涉企经营许可事项实行全覆盖清单管理，按照直接取消审批、审批改为备案、实行告知承诺、优化审批服务等四种方式分类推进改革，为在全国实现"证照分离"改革全覆盖形成可复制可推广的制度创新成果。

在法律、行政法规和国务院决定允许范围内，各省、自治区、直辖市人民政府可以决定在其他有条件的地区开展"证照分离"改革全覆盖试点，可以决定对涉企经营许可事项采取更大力度的改革举措，国务院有关部门要积极支持。

二、实现涉企经营许可事项全覆盖

（一）建立清单管理制度。要按照"证照分离"改革全覆盖要求，将涉企经营许可事项全部纳入清单管理，逐项列明事项名称、设定依据、审批层级和部门、改革方式、具体改革举措、加强事中事后监管措施等内容。清单要定期调整更新并向社会公布，接受社会监督。清单之外不得违规限制企业（含个体工商户、农民专业合作社，下同）进入相关行业或领域，企业取得营业执照即可自主开展经营。

（二）分级实施清单管理。法律、行政法规、国务院决定设定（以下统称中央层面设定）的涉企经营许可事项清单（见附件1）的调整，由国务院审改办商有关部门提出并按程序报批。地方性法规、地方政府规章设定（以下统称地方层面设定）的涉企经营许可事项清单，由有关省级人民政府指定部门组织按程序制定，2019年11月30日前以省为单位集中向社会公布。

三、分类推进审批制度改革

（下文略）

（来源 中国政府网）

2019年11月1日至12月31日公布的工程建设标准

序号	标准编号	标准名称	发布日期	实施日期
		国标		
1	GB/T 51360-2019	金属露天矿工程施工及验收标准	2019/9/25	2020/4/1
2	GB 51392-2019	发光二极管生产工艺设备安装工程施工及质量验收标准	2019/9/25	2020/4/1
3	GB/T 50493-2019	石油化工可燃气体和有毒气体检测报警设计标准	2019/9/25	2020/1/1
4	GB/T 51397-2019	柔性直流输电成套设计标准	2019/9/25	2020/1/1
5	GB/T 50481-2019	棉纺织工厂设计标准	2019/9/25	2020/1/1
6	GB 50373-2019	通信管道与通道工程设计标准	2019/9/25	2020/1/1
7	GB/T 51390-2019	核电厂混凝土结构技术标准	2019/9/25	2020/1/1
8	GB/T 50507—2019	铁路罐车清洗设施设计标准	2019/9/25	2020/4/1
9	GB 51395－2019	海上风力发电场勘测标准	2019/9/25	2020/4/1
10	GB/T 51359－2019	石油化工厂际管道工程技术标准	2019/9/25	2020/4/1
11	GB 51385-2019	微波集成组件生产工厂工艺设计标准	2019/7/10	2019/12/1
12	GB 51383-2019	钢铁企业冷轧厂废液处理及利用设施工程技术标准	2019/7/10	2019/12/1
13	GB/T 50639-2019	锦纶工厂设计标准	2019/7/10	2019/12/1
14	GB/T 50508-2019	涤纶工厂设计标准	2019/7/10	2019/12/1
15	GB/T 51384—2019	石油化工大型设备吊装现场地基处理技术标准	2019/7/10	2019/12/1
16	GB/T 50484—2019	石油化工建设工程施工安全技术标准	2019/7/10	2019/12/1
17	GB 50015-2019	建筑给水排水设计标准	2019/6/19	2020/3/1
18	GB 50411-2019	建筑节能工程施工质量验收标准	2019/5/24	2019/12/1
19	GB 50495-2019	太阳能供热采暖工程技术标准	2019/5/24	2019/12/1
20	GB 50135－2019	高耸结构设计标准	2019/5/24	2019/12/1
		行标		
1	JGJ 91-2019	科研建筑设计标准	2019/7/30	2020/1/1
2	JGJ/T 12-2019	轻骨料混凝土应用技术标准	2019/7/30	2020/1/1
3	JGJ/T 128-2019	建筑施工门式钢管脚手架安全技术标准	2019/7/30	2020/1/1
4	JG/T 571-2019	玻纤增强聚氨酯节能门窗	2019/7/18	2019/12/1
5	JG/T 572-2019	建筑木结构用阻燃涂料	2019/7/18	2019/12/1
6	CJ/T 541-2019	城镇供水管理信息系统 基础信息分类与编码规则	2019/7/18	2019/12/1
7	JG/T 569-2019	建筑装饰用木质挂板通用技术条件	2019/7/18	2019/12/1
8	JG/T 284-2019	结构加固修复用玻璃纤维布	2019/7/18	2019/12/1
9	JG/T 271-2019	粘钢加固用建筑结构胶	2019/7/18	2019/12/1
10	JG/T 574-2019	纤维增强覆面木基复合板	2019/7/18	2019/12/1
11	JGJ/T 471-2019	钢管约束混凝土结构技术标准	2019/6/18	2020/2/1
12	JGJ/T 152-2019	混凝土中钢筋检测技术标准	2019/6/18	2020/2/1
13	JGJ/T 468-2019	再生混合混凝土组合结构技术标准	2019/6/18	2020/2/1
14	JGJ/T 466-2019	轻型模块化钢结构组合房屋技术标准	2019/5/17	2019/12/1
15	CJJ/T 273-2019	橡胶沥青路面技术标准	2019/4/19	2019/11/1
16	CJJ/T 73-2019	卫星定位城市测量技术标准	2019/4/19	2019/11/1
17	JGJ/T 480-2019	岩棉薄抹灰外墙外保温工程技术标准	2019/3/29	2019/11/1
18	CJJ/T 294-2019	居住绿地设计标准	2019/3/29	2019/11/1
19	CJ/T 538-2019	生活垃圾焚烧飞灰稳定化处理设备技术要求	2019/3/27	2019/12/1
20	JC/T 640-2019	建筑施工用附着式升降作业安全防护平台	2019/3/27	2019/12/1
21	CJ/T 29-2019	燃气沸水器	2019/3/27	2019/12/1
22	CJ/T 536-2019	可调式堰门	2019/3/4	2019/9/1

2019年11月开始实施的工程建设标准

序号	标准编号	标准名称	发布时间	实施时间
		国标		
1	GB 51378-2019	通信高压直流电源系统工程验收标准	2019/6/5	2019/11/1
2	GB 51370-2019	薄膜太阳能电池工厂设计标准	2019/6/5	2019/11/1
3	GB 51377-2019	锂离子电池工厂设计标准	2019/6/5	2019/11/1
4	GB/T 51376-2019	钴冶炼厂工艺设计标准	2019/6/5	2019/11/1
5	GB/T 51369-2019	通信设备安装工程抗震设计标准	2019/6/5	2019/11/1
		行标		
1	CJJ/T 290-2019	城市轨道交通桥梁工程施工及验收标准	2019/4/19	2019/11/1
2	CJJ/T 273-2019	橡胶沥青路面技术标准	2019/4/19	2019/11/1
3	CJJ/T 107-2019	生活垃圾填埋场无害化评价标准	2019/4/19	2019/11/1
4	JGJ/T 442-2019	开合屋盖结构技术标准	2019/4/19	2019/11/1
5	CJJ/T 291-2019	地源热泵系统工程勘察标准	2019/4/19	2019/11/1
6	CJJ/T 73-2019	卫星定位城市测量技术标准	2019/4/19	2019/11/1
7	JGJ/T 187-2019	塔式起重机混凝土基础工程技术标准	2019/4/19	2019/11/1
8	CJJ/T 293-2019	城市轨道交通预应力混凝土节段预制桥梁技术标准	2019/4/19	2019/11/1
9	CJJ/T 294-2019	居住绿地设计标准	2019/3/29	2019/11/1
10	JGJ 144-2019	外墙外保温工程技术标准	2019/3/29	2019/11/1
11	JGJ/T 480-2019	岩棉薄抹灰外墙外保温工程技术标准	2019/3/29	2019/11/1
12	CJJ/T 134-2019	建筑垃圾处理技术标准	2019/3/29	2019/11/1

2019年12月开始实施的工程建设标准

序号	标准编号	标准名称	发布日期	实施日期
		国标		
1	GB/T 50568-2019	油气田及管道岩土工程勘察标准	2019/8/12	2019/12/1
2	GB/T 51379-2019	岩棉工厂设计标准	2019/8/12	2019/12/1
3	GB/T 51381-2019	柔性直流输电换流站设计标准	2019/8/12	2019/12/1
4	GB 50457-2019	医药工业洁净厂房设计标准	2019/8/12	2019/12/1
5	GB/T 51380-2019	宽带光纤接入工程技术标准	2019/8/12	2019/12/1
6	GB/T 50113-2019	滑动模板工程技术标准	2019/8/12	2019/12/1
7	GB/T 50115-2019	工业电视系统工程设计标准	2019/8/12	2019/12/1
8	GB/T 50484-2019	石油化工建设工程施工安全技术标准	2019/7/10	2019/12/1
9	GB/T 51384-2019	石油化工大型设备吊装现场地基处理技术标准	2019/7/10	2019/12/1
10	GB/T 50508-2019	涤纶工厂设计标准	2019/7/10	2019/12/1
11	GB/T 50639-2019	锦纶工厂设计标准	2019/7/10	2019/12/1
12	GB 51383-2019	钢铁企业冷轧厂废液处理及利用设施工程技术标准	2019/7/10	2019/12/1
13	GB 51385-2019	微波集成组件生产工厂工艺设计标准	2019/7/10	2019/12/1
14	GB/T 51387-2019	钢铁渣处理与综合利用技术标准	2019/7/10	2019/12/1

续表

序号	标准编号	标准名称	发布日期	实施日期
15	GB/T 50081−2019	混凝土物理力学性能试验方法标准	2019/6/19	2019/12/1
16	GB 50144−2019	工业建筑可靠性鉴定标准	2019/6/19	2019/12/1
17	GB/T 50476−2019	混凝土结构耐久性设计标准	2019/6/19	2019/12/1
18	GB/T 51368−2019	建筑光伏系统应用技术标准	2019/6/19	2019/12/1
19	GB 50365−2019	空调通风系统运行管理标准	2019/5/24	2019/12/1
20	GB/T 51318−2019	沉管法隧道设计标准	2019/5/24	2019/12/1
21	GB 50495−2019	太阳能供热采暖工程技术标准	2019/5/24	2019/12/1
22	GB 50411−2019	建筑节能工程施工质量验收标准	2019/5/24	2019/12/1
23	GB/T 51366−2019	建筑碳排放计算标准	2019/4/9	2019/12/1
24	GB/T 51347−2019	农村生活污水处理工程技术标准	2019/4/9	2019/12/1
25	GB/T 51346−2019	城市绿地规划标准	2019/4/9	2019/12/1
行标				
1	JG/T 574−2019	纤维增强覆面木基复合板	2019/7/18	2019/12/1
2	JG/T 271−2019	粘钢加固用建筑结构胶	2019/7/18	2019/12/1
3	JG/T 284−2019	结构加固修复用玻璃纤维布	2019/7/18	2019/12/1
4	JG/T 569−2019	建筑装饰用木质挂板通用技术条件	2019/7/18	2019/12/1
5	CJ/T 541−2019	城镇供水管理信息系统 基础信息分类与编码规则	2019/7/18	2019/12/1
6	JG/T 572−2019	建筑木结构用阻燃涂料	2019/7/18	2019/12/1
7	JG/T 571−2019	玻纤增强聚氨酯节能门窗	2019/7/18	2019/12/1
8	JGJ/T 479−2019	低温辐射自限温电热片供暖系统应用技术标准	2019/5/17	2019/12/1
9	JGJ/T 466−2019	轻型模块化钢结构组合房屋技术标准	2019/5/17	2019/12/1
10	CJ/T 29−2019	燃气沸水器	2019/3/27	2019/12/1
11	JG/T 268−2019	建筑用闭门器	2019/3/27	2019/12/1
12	JG/T 546−2019	建筑施工用附着式升降作业安全防护平台	2019/3/27	2019/12/1
13	CJ/T 538−2019	生活垃圾焚烧飞灰稳定化处理设备技术要求	2019/3/27	2019/12/1
14	JG/T 563−2019	建筑用纸蜂窝复合墙板	2019/3/27	2019/12/1

工程监理与工程咨询经验交流会
在南宁顺利召开

为进一步落实《国务院办公厅关于促进建筑业持续健康发展的意见》（国办发〔2017〕19 号）和《国家发展改革委 住房城乡建设部关于推进全过程工程咨询服务发展的指导意见》（发改投资规〔2019〕515 号），提升监理企业管理水平，交流监理企业开展工程监理与工程咨询服务，应对改革带来的机遇与挑战及创新发展的经验，推进工程监理行业健康发展，2019 年 11 月 22 日，由中国建设监理协会主办、广西建设监理协会协办的工程监理与工程咨询经验交流会在南宁召开。来自全国 300 余名会员代表参加会议，住房和城乡建设部建筑市场监管司建设咨询监理处胡楠出席会议，广西壮族自治区住房和城乡建设厅副厅长杨绿峰出席会议并致辞，会议分别由中国建设监理协会副会长兼秘书长王学军和中国建设监理协会副秘书长温健主持。

中国建设监理协会会长王早生在本次会议中首先作"监理企业要努力争当全过程工程咨询的主力军"主题讲话。王会长在讲话中强调了推动工程监理向全过程工程咨询方向发展的意义和优势，并提出监理企业要勇于探索努力争当全过程工程咨询的主力军。解放思想、抓住机遇、与时俱进，苦练内功提升企业服务水平。牢固树立客户利益至上、质量为先、至诚至信的理念，积极学习国内外同行的经验，建立人才培养的长效机制，监理行业通过"补短板、扩规模、强基础、树正气"推动监理企业转型升级，促进建筑业高质量发展。

会上，上海三凯咨询公司总经理曹一峰从"BIM+GIS（无人机摄影）+AIOT（人工智能物联网）"的综合应用以及数字化整体交付等方面介绍了监理信息化业务发展经验做法；湖南楚嘉咨询公司副总经理郑勇强介绍了智能安全监测设备在 400 多个项目中成功运用避免责任安全事故发生的做法；广州市政监理公司港珠澳大桥岛隧工程项目负责人周玉峰介绍了工程总承包模式下的港珠澳大桥岛隧工程如何做好监理工作的探索与工作中的创新经验；在监理企业开展项目管理实践经验方面，天津泰达咨询公司总经理李和军介绍了特色小镇、PPP 第三方监督业务实践，合诚工程咨询公司董事长黄和宾介绍了全产业生态系统建设实践经验；在不同类型工程项目的监理管控方面，北京华城监理公司总经理李艳介绍了北京大兴国际机场航站楼工程的监理管控模式，江西中昌监理公司董事长、总经理谢震灵介绍了地铁项目的监理工作经验——无人机航拍、三维建模、BIM 等技术的运用和成果；河南建达咨询公司总经理蒋晓东、四川二滩国际咨询公司副总经理黄正海、原中建西北监理公司总经理申长均分别结合项目从不同的角度分享了全过程工程咨询的实践经验和做法。

中国建设监理协会副会长兼秘书长王学军作会议总结发言。他要求，广大会员积极提高政治站位，努力做好监理工作，勇于正视存在的问题，主动顺应改革发展，坚持诚信经营。监理企业要维护好监理市场秩序，履行好监理职责，带头肩负起工程项目建设监理的责任，继续弘扬向人民负责、技术求精、坚持原则、勇于奉献、开拓创新的精神，以市场为导向，不断提高服务能力和水平，为祖国工程建设作出监理人应有的贡献。

15号

关于印发王早生会长、王学军副会长兼秘书长在工程监理与工程咨询经验交流会上讲话的通知

中建监协〔2019〕65号

各省、自治区、直辖市建设监理协会，有关行业建设监理专业委员会，中国建设监理协会各分会：

2019年11月22日，中国建设监理协会在南宁召开工程监理与工程咨询经验交流会，王早生会长在会上作"监理企业要努力争当全过程工程咨询的主力军"主题讲话，王学军副会长兼秘书长在会上总结讲话，现印发给你们，供参考。

附件：1. 监理企业要努力争当全过程工程咨询的主力军——王早生会长在工程监理与工程咨询经验交流会上的讲话

2. 王学军副会长兼秘书长在工程监理与工程咨询经验交流会上的总结讲话

中国建设监理协会

2019年12月3日

附件1：

监理企业要努力争当全过程工程咨询的主力军
——王早生会长在工程监理与工程咨询经验交流会上的讲话
（2019年11月22日）

各位代表：

大家好！今年是新中国成立70周年，也是监理行业创新发展的第三十一年，今天我们召开"工程监理与工程咨询经验交流会"，既总结以前的经验，也探索未来发展的道路。会议将研讨全过程工程咨询与项目管理实践、BIM技术项目管理应用和工程监理企业开展全过程工程咨询服务。这对于提高监理企业服务能力，增强核心竞争力，适应监理服务市场化发展需求，推进监理行业可持续发展等方面，都将具有积极作用，监理企业要努力争当全过程工程咨询的主力军。下面我就工程监理与全过程工程咨询的融合发展谈几点意见。

一、推动工程监理向全过程工程咨询方向发展的意义

（一）推动监理改革、突破监理行业现实困境的需要

监理行业经过31年的发展，对我国建筑工程领域的发展作出了巨大的贡献，推进了我国工程建设组织实施方式的改革；加强了建设工程质量和安全生产管理；保证了建设工程投资效益的发挥；促进了工程建设管理的专业化、社会化发展；推进了我国工程管理与国际接轨。但是随着社会经济的发展，一些问题日益凸显。比如市场分割、行业保护、人为肢解、业务碎片化；大多数企业规模小、竞争力不强、工作方式落后导致监理服务质量不高；业主单位缺乏对监理的认知，恶意压价等。习近平总书记指出，面对百年未有之大变局，惟改革者进，惟创新者强，惟改革创新者胜。我们监理行业要正视问题，突破行业发展的瓶颈，要在新时代建筑业高质量发展的新形势下占有一席之地，就必须坚持改革创新，而开展全过程工程咨询就为监理行业的转型升级开创了一条大道。

（二）推动中国工程咨询服务全面发展的需要

推进监理行业向全过程工程咨询服务转型，是工程建设供给侧结构性改革的需求，是工程咨询组织方式变革的需求。近年来，工程咨询服务业发展很快，市场对咨询服务的需求范围越来越广，涵盖了与工程建设相关的政策建议、机构改革、项目管理、工程服务、施工监理、财务、采购、社会和环境研究各个方面。从国外的实践来看，不论是美国的设计－招标－建造模式和 CM 管理模式，英国的设计－建造模式，或是日本的设计－建造模式和设计－建造运营模式及 PFI 模式，新加坡的建筑管制专员管理模式，其共同点是所提供的都是综合性的、全过程的项目咨询服务。这些模式理念先进，管理科学，不仅有严格的法律法规体系做后盾，还有健全的诚信自律机制做保障，以及复合型的优秀人才队伍做支撑，实现业主投资效益的最大化。随着"一带一路"倡议的持续推进，全球化市场竞争环境不断变化，建设单位需要能提供从前期咨询到后期运维一体化服务的专业化咨询队伍。在一体化服务的过程中，监理属于其中极其重要的一个环节，监理企业开展全过程工程咨询有助于促进中国工程咨询行业的全面提升。

二、监理向全过程工程咨询方向转型的优势

（一）监理行业的发展借鉴了国外经验，与全过程工程咨询一脉相承

工程监理最初的制度设计主要借鉴国际工程咨询的基本模式，与国际工程咨询行业一脉相承。而全过程工程咨询涉及建设工程全生命周期内的策划咨询、前期可研、工程设计、招标代理、造价咨询、工程监理、施工前期准备、施工过程管理、竣工验收及运营保修等各个阶段的管理服务。全过程工程咨询的优点是有利于增强建设工程内在联系，强化全产业链整体把控，减少管理成本，优化业务流程，提高工作效率，让业主得到完整的建筑产品和服务。这是国际工程咨询通行的一种工程管理服务模式。因此，我们工程监理行业今天开展全过程工程咨询更像是一种初心的回归。

（二）国家政策的持续支持

政府部门对监理行业一直非常重视。早在 16 年前的 2003 年，建设部发布《关于培育发展工程总承包和工程项目管理企业的指导意见》，2004 年，建设部发布《关于印发〈建设工程项目管理试行办法〉的通知》，2008 年，住房城乡建设部发布《关于大型工程监理单位创建工程项目管理企业的指导意见》。2016 年，《中共中央 国务院关于进一步加强城市规划建设管理工作的若干意见》出台，都对监理发展提出要求，尤其是近年对监理行业的改革创新给予了重大的支持，这是我们推动监理向全过程工程咨询转型的坚强后盾。2017 年，《国务院办公厅关于促进建筑业持续健康发展的意见》《住房城乡建设部关于促进工程监理行业转型升级创新发展的意见》等文件的出台，昭示着监理行业发展新机遇的到来。2017 年 5 月，住房城乡建设部印发《住房城乡建设部关于开展全过程工程咨询试点工作的通知》（建市〔2017〕101 号），选取了 40 家试点企业探索行业发展新道路，其中工程监理企业 16 家，占试点企业

总量的 40%，对监理企业向全过程工程咨询转型寄予厚望，我们不要辜负了政府部门的期望。

（三）试点工作积累了有益的经验

自住房城乡建设部开展全过程工程咨询试点以来，16 家试点监理企业率先改革，全国各地的监理企业也都在积极行动，全过程工程咨询试点工作在稳步推进。为促进全过程工程咨询工作的开展，浙江省协会还更名为"浙江省全过程工程咨询与监理管理协会"。

试点地区为促进试点工作稳步推进，出台了相关支持文件，如《江苏省全过程工程咨询服务导则（试行）》《江苏省全过程工程咨询服务合同示范文本（试行）》《浙江省建设工程咨询服务合同示范文本（2018 版）》《湖南省全过程工程咨询服务试行清单》《湖南省全过程工程咨询招标文件试行文本》《广西壮族自治区房屋建筑和市政工程全过程工程咨询服务招标文件范本（试行）》《建设项目全过程工程咨询服务指引（投资人版和企业咨询版）》等，这些文件的出台有力地推进了地方全过程工程咨询的发展。部分地区行业协会也起草了示范文本，如《内蒙古自治区工程建设全过程咨询服务导则（试行）》《内蒙古自治区工程建设全过程咨询服务合同（试行）》。目前，《江苏省房屋建筑和市政基础设施项目全过程工程咨询服务招标投标规则（试行）》《广东省建设项目全过程工程咨询服务合同范本》正在编制过程中。

我们欣喜地看到，全过程工程咨询经过两年的试点，全国 17 个地区先后发布了全过程工程咨询试点实施方案，300 余个试点项目成功落地，已经取得了显著成绩。试点企业取得的成果既为行业

积累了经验，又进一步坚定了大家的信心。

三、勇于探索，努力争当全过程工程咨询的主力军

全过程工程咨询是监理企业转型升级科学发展的方向。下一步，我们要紧紧抓住改革转型的机遇，持之以恒、坚定不移地走下去。

第一，解放思想，抓住机遇，与时俱进。

思想是行动的先导，解放思想，是做好任何事情的关键。市场千变万化，形势迅速发展，但我们有些同志思想保守，看不到形势的变化，或者说看到形势变化了，思想上却仍然不求进取，故步自封，甘于现状，甚至小富即安。社会发展日新月异，我们如果还把自己封闭在以前的框框中，那就离被淘汰的日子不远了。

随着经济发展进入新常态，新型城镇化建设和供给侧结构性改革的逐步推进，建筑业粗放发展模式已经难以为继，提质增效、转型升级非常紧迫，逆水行舟，不进则退。我们必须解放思想，学习国家的新政策，紧跟形势，与时俱进，学习新理论、拥抱新事物、探索新方法。我们今天在这里交流工程监理与工程咨询，其实也就是认识到形势的变化，然后适时做出改变。全过程工程咨询在国际上是通行做法，但在中国还是个新事物，监理行业要做好向全过程工程咨询的转型，就要虚心学习发达国家的经验，并且结合中国的实际以及企业的具体情况，这样才能使全过程工程咨询在一个个具体的工程项目上落地生根，开花结果。

第二，苦练内功，提升企业服务水平。

1. 牢固树立客户利益至上、质量为先、至诚至信的理念。监理企业是因业主的需求而存在和发展，如果忽视了业主的利益，那就是竭泽而渔的做法。不论是做施工监理，还是转型做全过程工程咨询，都要以业主利益为先。做的事情不一样，但"客户就是上帝"的理念不能变。我们现在面临业主不信任、不敢充分授权的问题，很大程度上就是因为忽略了业主利益。也正因如此，业主才会认为监理企业不够诚信，形成一种恶性循环。所以我们不要只是片面地抱怨业主对我们不信任，也要从自身找原因。无论什么时候，都一定要树立客户至上、质量为先、至诚至信的理念，要让每一个员工真正领会其中的内涵，入脑入心，体现到每个项目、每件小事上。

2. 积极学习国内外同行的经验。所谓"三人行必有我师"。我们要看到设计、施工等兄弟行业以及国外工程咨询行业的优点、特长。西方的工程咨询行业发展起步早，有着丰富的经验。国际工程咨询公司都具有建筑或结构设计能力，业务范围基本都包括投资咨询、可行性研究、规划、设计咨询、项目管理、施工管理等多学科、全过程的专业服务。在座的有能力的工程监理企业要向全过程工程咨询企业转型，研究学习国际先进经验是必要的。发达国家的方法、策略不必处处照搬照抄，但是我们不能排斥，要积极学习、吸收。同样，在座的企业为了适应国内日益激烈的竞争环境，也是妙招迭出，所以大家也要相互学习、借鉴。协会也正是出于这样的目的，为大家搭建平台，促进行业多交流。

3. 建立人才培养的长效机制。目前，企业普遍存在创新动力不足，咨询

服务质量不高的问题，症结就在于人才匮乏。监理行业是专业化程度较高的行业，需要精通工程建设、投资、合同管理等各方面的专业知识，将来转型升级做全过程工程咨询，需要的业务能力在广度、深度都要更上一个台阶。比如，监理企业开展全过程工程咨询，从长远发展来看，最好有设计资质；如果没有设计资质，那要有设计能力；如果没有设计能力，那也要有设计管理能力，否则就谈不上什么全过程。没有全能力，何谈全过程？为弥补监理企业在设计方面的短板，有的监理企业与设计企业建立战略合作；有的与设计企业组合为一体；有的与设计企业共同出资，组建一个新的咨询企业。无论通过什么途径、用什么方法，企业都要形成人才培养的长效机制，不能靠临时抱佛脚。要为员工多创造学习条件，有条件的企业可以与高校、科研机构开展合作，为企业员工创造深造的机会，从而促进人才培养，科研成果转化，推动企业建设好人才梯队，实现持续向前发展。

同志们，全过程工程咨询是监理行业转型升级的方向，但这条路走起来不可能一帆风顺。在座的都清楚，全过程工程咨询改革的关键是打破了过去行业分割的局面，兄弟行业都在奋发努力，都在转型升级，我们没有任何理由故步自封，不求进取。监理行业必须勇于进取，敢于作为，争做全过程工程咨询的探索者、主力军。监理行业30余年过往的成绩，皆为序章，我们不能一直沉浸在过去的功劳簿上，我衷心地希望并且坚信监理行业"补短板、扩规模、强基础、树正气"，抓住机遇，改革创新，在新时代继续为工程建设事业的高质量发展作出新的贡献。

附件 2：

王学军副会长兼秘书长在工程监理与工程咨询经验交流会上的总结讲话

（2019 年 11 月 22 日）

同志们：

今天，中国建设监理协会在南宁召开工程监理与工程咨询经验交流会，协会领导高度重视这次会议召开，会长王早生同志参加会议并作了"监理企业要争当全过程工程咨询的主力军"的报告，分析了监理企业向全过程工程咨询方向转型的优势和推动工程监理向全过程工程咨询方向发展的意义。号召有条件的监理企业要勇于探索，争当全过程工程咨询的主力军。会后我们要结合各自情况认真学习领会。

这次会议的交流材料非常丰富，共收到 70 余篇推荐材料，选出了 30 余篇汇编成册，今天有 10 家单位在大会上结合不同项目与大家分享了他们的经验与做法：

其中在企业信息化技术应用方面，上海三凯咨询公司从"BIM+GIS（无人机摄影）+AIOT（人工智能物联网）"的综合应用以及数字化整体交付方面介绍了监理运用信息技术创新发展的经验做法，提出人工智能旁站值得大家深思；在监理安全管理方面，湖南楚嘉咨询公司介绍了智能安全监测设备在 400 多个项目中成功运用，避免了责任安全事故的做法，值得大家思考；在不同模式下监理工作方面，广州市政监理公司介绍了工程总承包模式下的港珠澳大桥岛隧工程如何做好监理工作的探索与工作中的创新经验，值得大家学习。还有在工程监理企业开展项目管理服务的实践方面，

像天津泰达咨询公司的特色小镇、PPP第三方监管业务实践，合诚工程咨询公司的全产业生态系统建设实践；在不同类型工程项目的监理管控方面，北京华城监理公司与大家分享了北京大兴国际机场航站楼工程的监理管控模式，江西中昌监理公司介绍了地铁项目土建工程监理工作经验；在工程监理企业开展全过程工程咨询方面，河南建达咨询公司、四川二滩国际咨询公司、中建西北监理公司结合项目从不同角度与我们分享了全过程工程咨询的实践经验和做法。

上述 10 家单位从不同的方面与大家分享了他们的经验和做法，值得大家学习和借鉴。因为大会交流时间有限，还有 20 余家单位未能在会上介绍经验，如江苏建科公司、四川晨越公司对全过程工程咨询的经验；浙江五洲公司对全过程工程咨询企业组织构架的探索；西安四方监理公司对援外项目全过程工程咨询实践的总结。同时，还有政府购买第三方服务的实践经验，企业转型升级的思考与探索，以及企业加强技术创新与应用的实践经验。我们已把这些优秀的经验做法和对行业发展的探索材料汇编成册，供大家学习借鉴。

这次企业经验交流会，取得了相互学习、相互促进、共同发展、提高工程监理与工程咨询服务能力的目的，对未来的工程监理与工程咨询工作将起到积极的促进作用。

下面我讲几点意见供大家参考：

一、努力提高政治站位

工程监理是业务工作，关系工程质量和人民生命财产安全，也是关系社会稳定的政治工作。因此监理工作者要认真学习习近平新时代中国特色社会主义理论，树立工程监理向人民负责的精神。工程监理工作是国家赋予监理人的神圣职责，也是政治任务，要高质量来完成。监理人要牢固树立创新发展理念，落实高质量发展的要求。把党和国家在新时期对工程建设提出的重要思想、重大举措贯彻到工程监理与工程咨询工作中。要进一步提高工程监理政治站位，增强服务党和国家工程建设工作大局的政治自觉和行动自觉。要继续坚持监理人向人民负责、技术求精、坚持原则、勇于奉献、开拓创新的精神，以对历史、对国家、对人民、对监理事业高度负责的态度，积极营造全行业人人重视质量安全、人人维护质量安全的良好氛围，自觉履行质量安全职责，强化质量安全管控，监理出经得起历史检验的优质工程，让人民满意的工程。

二、积极做好监理工作

改革开放以来，我国经济建设高速发展，工程建设项目逐年增多，城乡面貌日新月异，基础设施建设取得了辉煌成果。据有关统计，全国建设公路 480余万公里，其中高速路 14 万余公里，铁

道建设 13 万余公里，高铁突破 2.9 万公里，建设机场 200 余座，世界十大悬索桥、斜拉桥、跨海桥中国占 6~7 座，世界十大港口中国占有 7 席，建设中高层房屋 34 万多幢、百米以上超高层 6 千余幢，城市基础设施建设工程项目更多。在这么大规模建设中，工程监理在保障工程质量安全方面发挥了重要的作用。

目前，工程监理企业已发展到 8300 余家，监理队伍 116 万余人。现阶段国家还处在快速建设高质量发展时期，工程项目多、工程规模大、复杂程度高，在法制不健全，社会诚信意识不强，建筑市场管理不规范情况下，监理队伍仍然是保障工程质量安全不可或缺的一支力量。

监理队伍要牢固树立监理制度自信、工作自信、能力自信、发展自信，不负人民期望，坚持不忘初心，强化责任担当，为保障工程质量安全，促进建筑业高质量发展提供人力和智力支撑。

三、正确对待存在问题

工程监理事业在发展中出现了一些突出问题制约行业健康发展，如"责权利"不对等问题，由于体制机制限制有些问题难以解决。但伴随"责权利"不对等派生出的问题尤其是房建工程监理低于成本价竞争、人员不在岗、履职不到位、廉洁执业等问题突出，引发监理服务质量与业主需求之间的矛盾越来越突出，严重影响行业信誉和健康发展。为解决此类问题，建设行政主管部门正在研究"加强和规范房屋建筑工程现场监理工作意见"。为配合此项工作，协会明年在自律管理方面也会有所作为。监理企业要积极整改自身存在的问题，共

同促进监理行业健康发展。

监理企业只有努力解决自身存在的问题，不断加强能力建设，发挥现场监管作用，体现监理成果，明确发展方向，才能在市场经济中保持竞争优势。

四、主动顺应改革发展

随着"放、管、服"深化改革和高质量发展的推进，国家改革举措陆续出台。建筑业处在改革发展的进程中，监理行业要适应改革发展形势，紧密结合市场需要，拓展服务范围和提高服务能力，发展项目管理及相关服务，开展全过程工程咨询。努力克服前进过程中遇到的一些困难和问题，正确对待建设组织模式、管理方式、建造方式、服务模式改革，抓住机遇，迎接挑战，顺势发展。

一要适应多元化服务模式。随着服务范围扩大，如全过程工程咨询（含监理），项目管理（含监理），工程质量保险和政府购买服务等保障工程质量安全举措的实施，工程建设领域对高素质专业人才需求量会越来越大。今年初，国家发改委和住建部联合下发《关于推进全过程工程咨询服务发展的指导意见》。其目的是为了规范和整合工程咨询服务资源，促进建筑业高质量发展。全过程工程咨询服务是工程咨询服务的一种模式，不是唯一模式。该项服务模式的提出，对监理行业发展而言既是机遇也是挑战。有能力的监理企业要根据自身的实际在组织架构、人才结构、服务能力等方面作出相应的调整，以适应开展工程咨询业务的需要，力争跨入全过程工程咨询行列。工程质量保险和政府购买服务为监理拓展业务带来了新的机遇，监理企业要积极适应工程咨询服务模式

变化，探索工程监理企业参与保险公司聘用监理和政府购买服务的监管模式。要加强专业人才队伍培养工作，不断提高监理队伍业务能力和综合素质以适应市场对工程咨询能力的需求。只有这样，企业才能在中国特色社会主义市场经济大潮中扬帆远航。

二要提高监理科技含量。我们已进入信息化时代，现代信息技术在监理工作中的推广应用，有效地提高了企业管理水平和服务能力。如企业管理软件、掌上办公软件、智慧监理管控平台、项目管理软件、监控传输设备、手机 APP 在管理中的应用等（如上海三凯工程咨询公司使用的工程全景巡视平台）。可以说信息化管理已成为大中型监理企业管理的主要手段，也为企业带来了一定的经济效益。不远的明天社会将步入人工智能时代，人工智能的发展，必然改变传统的生产方式和监管方式。工程监理要借助人工智能设备创新监管方式才能跟上时代发展。如铁道建设自动铺轨机、石油天然气管道全自动焊接机、建筑信息模型（BIM）、摇控无人机、3D 扫描仪、深基坑检测仪、安全预警设备等科技产品在工程监理和工程咨询工作中的广泛应用，将改变传统的工程监理和工程咨询方式，提高工作效率和服务质量。

三要提高境外咨询服务能力。能力较强的监理企业，应当视野更开阔，紧跟国家"一带一路"倡议，走出国门。可喜的是有的监理企业已经走出国门。据统计 2018 年境外在建监理项目有 1046 个，涉及房建、水电、通信、市政、电力、化工等 11 个专业。希望有能力的监理企业加强国际咨询人才培养，积极拓展境外工程管理咨询业务，将中国工程监理和工程咨询标准推向世界。

四要适应监理环境变化。如政府部门对建筑市场管理正在从宽松管理向严格依法依规管理转变；监理获取业务正在从依靠政策依靠关系向依靠能力依靠信誉转变；监理服务正在从原工作范围向聚焦质量安全环保转变；传统人工监理正在向智能化监理方向转变；监理取费正在从不规范向规范方向转变；监理服务对象正在从业主向多元化方向转变；部分监理企业正在从施工现场监理向项目管理、全过程工程咨询方向转变。

这些变化和转变是客观的，不以监理人意志为转移的，监理企业只有认清形势，补足短板，明确努力方向，才能在环境变化中勇往直前。

五、必须坚持诚信经营

党和国家高度重视社会信用建设。党的十八大提出"二十四字"社会主义核心价值观，其中就有"诚信"二字，2014 年国务院印发《社会信用体系建设规划纲要（2014-2020 年）》，提出了社会信用体系建设的主要目标。2016年《国务院关于建立完善守信联合激励和失信联合惩戒制度加快推进社会诚信建设的指导意见》出台。目前，国家正在稳步推进此项工作，信用信息平台相继建立，联合褒扬诚信，联合惩戒失信机制正在形成。住建部建立的"四库一平台"2016 年已全国联网，其中诚信信息平台设置了部级处罚、地方处罚、企业诚信、个人诚信、黑名单记录、失信联合惩戒等栏目，只要失信就会在诚信平台上曝光，进而影响企业的经营活动。为推进行业诚信建设，中国建设监理协会去年制定了"会员信用管理办法"，今年正在研究制定"会员信用评估标准"，计划明年试行。希望大家积极配合，促进行业走诚信发展道路。

重承诺、守信用良好社会风气正在形成，诚信经营、诚信执业越来越被大家重视。建设行政主管部门也在采取措施促进诚信建设，如有的地方对信用好的企业在招投标时给以加分，有的地方对信用不好的企业限制进入本地区建筑市场，有的地方加大对信用不好的企业履职行为检查力度等。市场经济条件下企业间的竞争，不仅是企业实力、业绩、人才等硬件竞争，更重要的是企业信誉、骨干人品、企业文化等软件的竞争。从行业发展看，发展比较好的企业，无一不是走"诚信经营"的道路。

同志们，今年是中华人民共和国成立70 周年，也是全面建成小康社会，实现第一个百年奋斗目标的关键之年，工程监理经过 30 多年的实践，积累了丰富的经验，但随着住房城乡建设部推进工程建设组织模式和工程管理咨询服务模式的改革，工程监理面临新的机遇和挑战，我们要坚持以习近平新时代中国特色社会主义思想为指导，认真落实党的十九大精神，积极适应建筑业改革发展形势，促进建筑业高质量发展。监理企业要维护好监理市场价格秩序，履行好监理职责，带头肩负起工程项目建设监理的责任。坚持以市场为导向，不断提高服务能力和水平，为祖国工程建设作出监理人应有的奉献！

谢谢大家。

关于印发王早生会长在2019年度《中国建设监理与咨询》编委工作会议上讲话的通知

中建监协〔2020〕2号

各省、自治区、直辖市建设监理协会，有关行业建设监理专业委员会，中国建设监理协会各分会：

2019 年 12 月 18 日，中国建设监理协会在山西太原召开 2019 年度《中国建设监理与咨询》编委工作会。现将王早生会长讲话及编委会工作总结印发给你们，供参考。

附件：1. "补短板、扩规模、强基础、树正气"为促进行业改革发展，大力做好宣传工作

2. 2019 年度《中国建设监理与咨询》办刊情况及 2020 年工作设想

中国建设监理协会

2020 年 1 月 9 日

附件 1：

"补短板、扩规模、强基础、树正气"
为促进行业改革发展 大力做好宣传工作
——中国建设监理协会会长兼编委会主任王早生在《中国建设监理与咨询》编委会工作会议上的讲话

各位编委：

刚才山西省监理协会苏会长的致辞，北京、山西两个监理协会秘书处的经验介绍，还有梁士毅老总的专题讲座，我都认真听了，讲得都很好。

苏会长的致辞中讲到我们监理行业的同志要有一种什么样的精神状态，对待兄弟行业要有一种开放的胸怀，包容的姿态，互相学习，取长补短。梁士毅老总讲的内容不仅仅是监理，是设计加监理加管理。我们 8000 多家企业 110 多万监理人，有多少家企业、多少人具有这种背景和能力呢？所以我一直强调要把"补短板、扩规模、强基础、树正气"作为监理改革的重点工作，坚持不懈，持之以恒。

在座的同志身份多元，有专职做协会工作的，也有兼职做协会工作的，还有大量来自一线企业的，我特别寄希望于一线企业的同志，多为行业思考，而不仅仅是做协会工作的同志在思考，大家的事情大家办，这样行业才有希望。

关于行业发展，我琢磨总结了四个词"补短板、扩规模、强基础、树正气"。企业是市场的主体。下一步的改革发展、转型升级，着力点是什么呢？目标导向、需求导向当然很重要，但我更看重的是问题导向。因为需求是客观的，业主甲方有什么需求，不是我们所能主导决定的。目标导向也不用说太多，因为大家追求的目标都差不多，不会有本质上的差别。但是怎么才能实现目标、满足需求？我觉得在问题导向方面多分析一些，多做点踏踏实实的工作，会有所帮助。行业的事情要大家群策群力，一起想办法，今天我们这个会虽然是编委工作会，但我们要高瞻远瞩，看得深一些，不是单纯地为宣传而宣传，为出版而出版，宣传和出版都是手段，不是根本目的，所以我把讲话题目定为"'补短板、扩规模、强基础、树正气'为促进行业改革发展，大力做好宣传工作"。

"补短板、扩规模、强基础"三个词强调的是业务，为什么还要强调"树正气"呢？因为我们监理的职责包含"监督管理"，"监督管理"就要树正气。俗话说"打铁先要自身硬"，监理就得要正气突出。我们这个行业，业务很重要，正气更加重要。监理行业要围绕这四个关键词做工作，一方面努力提升能力、强化基础，一方面要树正气，改善监理形象。我们要有危机意识，这种危机意识不仅仅是我们业务能力的危机，同时还有这个行业能不能被社会认可的这种危机。如果大家赞同，我们就踏踏实实地用几年的功夫，"咬定青山不放松"，在"补短板、扩规模、强基础、树正气"上来努力做工作。

企业是市场的主体，因此企业家要有责任感和使命感。我们鼓励监理企业努力成为全过程工程咨询的主力军，要胸怀开阔，姿态要开放、要包容，要向兄弟行业学习。我们应该有自信，从行业的发展角度来看，监理工作在项目管理中的主导地位是客观存在的，是关键少数。但这也不是一成不变的，目前建筑师负责制改革中，很多设计单位也在发展，我们不能高枕无忧、不思进取。我们要进一步发展提升自己，因为有全能力才会有全过程。所以我们要有责任感、使命感。

接下来一点，我们要努力争当全过程咨询服务的主力军。我们现在有基本的条件来做这个工作，我们自身要成为改革、全过程咨询服务的主体。部里出台的关于监理发展的文件远远多于设计和施工行业，从改革发展到转型升级，从监理怎么向管理发展，到怎么搞全过程咨询，都是给监理量身定做的。我们自己要更加努力，对于新出台的政策文件，行业协会要及时宣传，企业也要积极跟进落实。

下一点，我们要多宣传、多研究、多写书、多交流。对于行业内的研究、出书、各种知识竞赛、文化交流、运动会、篮球比赛等，这些活动我是非常支持的。监理行业要有自己的文化。感觉我们行业还是书太少，研究太少。在座的都是编委，要充分发挥作用，要多研究多总结多写。我们举办了很多次的交流，在座很多专家都去交流和讲课了，这很好，但还不够，我们要把这些交流内容做成课件，放到我们的网站，让更多的人学习和提高。我们要加大宣传和交流力度，要充分利用网站、微信公众号等媒体，长期坚持正能量宣传，就会取得成效。我在部里工作时，城市管理系统就搞了一个活动，叫"强基础、转作风、树形象"，一年以后就见效，接着再搞三年。现在城管的形象就大有改观了。同理，对于我们监理行业，我开始仅仅想到"补短板、扩规模、强基础"，都是从业务角度讲的，后来我发现不够，我们要树正气，要讲正气，所以加了一个跟别的行业不一样的地方，就是"树正气"，因为这是我们的职责所在，也是政府和社会对我们的期待所在。

关于行业发展以及2020年的工作安排，会在一月份召开的六届三次理事会上详谈。大家有什么建议都可以提，无论是宏观微观，都可以放到明年的工作报告中去，希望我们的工作安排能够从行业中来，从企业中来，通过宣传，得到大家的响应，达到一个好的效果，全面推动我们的工作。

刚才王月同志对刊物2019年的工作进行了总结。《中国建设监理与咨询》改版5年来，始终坚持服务监理行业、服务会员的办刊方向，积极宣传监理行业政策、法规，推广行业先进技术和手段，交流创新发展新经验，及时传递行业动态，宣传报道行业正能量，为监理行业的发展作出了贡献。编委会的同志们见证了《中国建设监理与咨询》的稳步成长，也给予了许多鼓励和支持。在此，我代表中国建设监理协会对全体编委多年来对刊物工作的关心、帮助、支持表示衷心地感谢！

2019年是新中国成立70周年，也是监理行业创新发展的31周年。31年来，监理行业为我国建筑业的发展作出了巨大的贡献。随着监理改革和全过程咨询服务的推进，如何利用刊物宣传"补短板、扩规模、强基础、树正气"，进一步提高监理企业服务能力和核心竞争力，已成为我们的首要命题。

第一要充分认识出版宣传工作的重要性。它是展示监理行业发展的窗口，提升监理行业水平的手段，树立监理行业形象的工具，关系到监理行业和企业的兴衰成败，影响行业改革发展大局。

一方面，我们要树立客户至上、质量为先、诚实守信的理念，尽职履责，发挥监理人在工程建设中"关键少数"的作用；另一方面我们要有行业的声音，加大对外宣传力度，让社会更好地认识监理、理解监理、关心监理、支持监理。我们要充分发挥宣传工作对内凝聚人心、对外树立形象的特殊作用，为行业健康发展创造良好的舆论氛围。

第二要树正气，大力弘扬行业正能量。出版宣传要坚持正面宣传为导向，树立监理行业正面形象，为推动行业发展聚焦正能量。

一要围绕行业队伍建设，强化行业自律，促进工程监理优质发展做宣传；二要围绕监理企业在依法履职过程中的好做法、好经验以及取得的重大成效进行宣传，以充分展示工程监理制度的重要性；三要围绕监理行业先进人物事迹进行宣传。对那些严格履行监理职责，以及在各自岗位上作出突出贡献的代表予以大力宣传，展现行业优秀人物风采，塑造行业形象。

第三要以补短板强基础为核心，全面增强企业和人员的核心竞争力。

要在办刊方向、办刊思路、办刊方法上不断开拓创新，注重提升刊物质量，满足服务发展、技术提高的需要，围绕提高监理人员技术水平、管理水平、服务水平做文章，补充短板，提升技能。宣传探索监理企业新型服务方式，宣传推广先进经验，推进监理工作信息化建设和技术创新，促进提高监理科技含量和服务质量。唯有企业核心竞争力增强了，行业影响力才能提升，行业发展才能步入良性循环的轨道。

第四要同心协力，积极做好编委工作。建设一支可以密切支持和配合工作的编委队伍，对保证刊物水平、提升刊物质量意义重大。

《中国建设监理与咨询》编委会队伍在不断发展壮大。各位编委作为行业宣传的主力军，更要有责任感、自觉性和主动性。充分发挥各自在企业和行业中的号召力，积极组稿、撰稿，为提高《中国建设监理与咨询》质量作贡献。

同志们，监理改革发展的事业正在稳步推进，监理行业宣传工作责任重大，使命光荣。我衷心希望《中国建设监理与咨询》以更宽广的视野，更优质的内容，成为全国百万监理人学习和交流的平台，努力提升传播力、影响力和引导力，为监理行业的改革创新发展作出更大的贡献。

谢谢大家！

附件 2：

2019 年度《中国建设监理与咨询》办刊情况及 2020 年工作设想

王月
中国建设监理协会

一、2019 年刊物情况

1. 2019 年累计刊登各类稿件 220 余篇，200 余万字。栏目包括：行业动态、本期焦点、大师讲堂、监理论坛、项目管理与咨询、创新与研究、人才培养、企业文化、人物专访、百家争鸣等栏目。

在"行业动态"栏目中，主要选编了中国建设监理协会及各省、市、专业协会和分会发来的活动报道。一是向整个行业介绍全国的行业发展及活动动态，以达到互相借鉴、互相引领的目的，二是起到行业大事记的作用。

2019 年，有 26 个省、市协会及专业分会向刊物提供了行业动态类稿件，它们是北京、天津、山西、广西、吉林、贵州、上海、河南、内蒙古、河北、陕西、浙江、江苏、广东、云南、山东、新疆、武汉、宁波、深圳、青海、福建、湖南，以及铁道，中建协石油天然气分会，中建协石油化工分会。

在"政策法规消息"栏目中，主要刊登了当期住建部、国务院等部门发布的政策法规消息，以及当期颁布或开始执行的规范标准等。主要是起到拾缺补漏、归纳提醒的作用。

在"本期焦点"栏目中，主要刊登的是中国建设监理协会重要文件、领导讲话、课题研究成果内容以及大型活动的具体介绍等，对行业发展起到引领、规范的作用。

在"大师讲堂"栏目中，主要刊登的是一些著名专家的特邀稿件。我们还在陆续约稿。

在"监理论坛""项目管理与咨询""创新与研究"这些栏目中，主要刊登的是具体的管理和技术操作方面的经验心得体会，主要面向的是一线广大的监理人员，选题就力争涵盖多专业、多角度、多层次，大量的管理经验、检查流程、注意事项等，希望能够普遍提高监理人员业务技术水平，起到"补短板、强基础"的作用。

在"人才培养""企业文化""人物专访"栏目，着眼点是提高企业管理水平，树立行业正气，传播宣传正能量。

"百家争鸣"是今年新设置的栏目，期望用思考和创新带动行业发展。

总之，"成为一本对行业内所有人都有用的书"是我们的宗旨，也是我们的奋斗目标。

2. 2019 年征订数量为 3880 册，相较 2018 年增长 3.2%。有 26 家省、市和行业协会及 223 家监理企业参与了征订工作。

3. 2019 年度共有 97 家地方或行业协会、监理企业以协办单位方式参加共同办刊。

经统计，2015－2019 年连续 5 年参与刊物协办的单位有：北京市建设监理协会、中国铁道工程建设协会、京兴国际工程管理有限公司、北京兴电国际工程管理有限公司、北京五环国际工程管理有限公司、中国水利水电建设工程咨询北京有限公司、鑫诚建设监理咨询有限公司、北京希达建设监理有限责任公司、中船重工海鑫工程管理（北京）有限公司、山西省建设监理协会、沈阳市工程监理咨询有限公司、上海建科工程咨询有限公司、上海振华工程咨询有限公司、江苏誉达工程项目管理有限公

司、连云港市建设监理有限公司、江苏赛华建设监理有限公司、安徽省建设监理协会、合肥工大建设监理有限责任公司、浙江江南工程管理股份有限公司、厦门海投建设监理咨询有限公司、河南省建设监理协会、郑州中兴工程监理有限公司、河南建达工程建设监理公司、武汉华胜工程建设科技有限公司、深圳市监理工程师协会、广东工程建设监理有限公司、重庆赛迪工程咨询有限公司、重庆联盛建设项目管理有限公司、重庆华兴工程咨询有限公司、重庆正信建设监理有限公司、重庆林鸥监理咨询有限公司、四川二滩国际工程咨询有限责任公司、云南新迪建设咨询监理有限公司、云南国开建设监理咨询有限公司、西安高新建设监理有限责任公司、西安铁一院工程咨询监理有限责任公司、西安普迈项目管理有限公司、西安四方建设监理有限责任公司、华春建设工程项目管理有限责任公司、新疆昆仑工程监理有限责任公司等 40 家。

2019 年新增 11 家协办单位：重庆市建设监理协会、湖北省建设监理协会、中国建设监理协会机械分会、方大国际工程咨询股份有限公司、甘肃经纬建设监理咨询有限责任公司、河南兴平工程管理有限公司、河南长城铁路工程建设咨询有限公司、上海市建设工程监理咨询有限公司、上海同济工程咨询有限公司、业达建设管理有限公司、中核工程咨询有限公司。

在此，我们向一直给予《中国建设

监理与咨询》刊物大力支持的各协办单位表示衷心的感谢。

4. 根据工作安排及征订情况，对编委会组成进行了调整。

5. 为庆祝中华人民共和国成立 70 周年，我们举办了"纪念中华人民共和国成立七十周年主题征文活动"。此次共收到了 353 篇文章，对入选的 72 篇优秀论文作者提出表扬。

6. 在《中国建设报》开设专栏，用以加强对监理行业的正面宣传，引导社会舆论关注。

7. 利用多渠道进行刊物的宣传推广，做好 2020 年度《中国建设监理与咨询》征订工作。

二、2020 年工作设想

1. 继续以党的十九大精神为统领，坚持服从以习近平为中心的党中央的领导，切实提高政治站位，自觉增强使命感和责任感，开创监理事业宣传工作新局面。

2. 继续做好刊物征订工作。要努力增大订阅量，扩大影响力。

3. 继续做好杂志的编辑出版工作。延续现有栏目设置及选稿模式，努力提高刊物的质量，我们将继续约稿和征稿，高质量、大数量、多专业、全覆盖的文章是高质量杂志的基本保证。

以上是 2019 年工作情况汇报及2020 年工作设想，不妥之处请批评指正，并提出意见和建议。谢谢大家！

关于主题征文活动有关事项的通知

中建监协〔2019〕69号

各省、自治区、直辖市建设监理协会，有关行业协会：

为热烈庆祝中华人民共和国成立70周年，我协会举办了"纪念中华人民共和国成立七十周年"主题征文活动。监理行业经过31年的发展，对我国建筑行业健康发展和提高工程质量水平作出了巨大贡献。随着监理行业改革不断深化，全过程工程咨询服务进一步推进，监理行业面临着前所未有的机遇和挑战，监理企业唯有不断地创新发展、探索总结，才能在变革中占有一席之地，进而开创辉煌篇章。

自住建部推进监理项目管理一体化及全过程工程咨询试点以来，监理企业纷纷行动，积极参与监理项目管理一体化及全过程工程咨询服务，积累了大量的经验和思考，希望通过这次主题征文活动，展示在工程监理和工程咨询服务中取得的成果，研究探讨如何做好全过程工程咨询服务发展，为监理企业的进一步改革创新发展奠定坚实的基础。活动共收到征文353篇，其中72篇征文（名单附后）能够结合实际，深入思考，具有引导和借鉴的作用，给予表扬。我们将陆续在《中国建设监理与咨询》中刊登。

希望参与此次活动的作者再接再厉，坚持不懈努力创作，以习近平新时代中国特色社会主义思想为指导，始终坚持以人民为中心的创作导向，用社会主义核心价值观引领文学创作，以实际监理工作经验为基础创作出更多的精品佳作，供所有监理人员互相借鉴学习，为建设监理企业的转型发展提供宝贵的经验，促进我国建设工程建设事业蓬勃发展。

附件：72篇征文名单

中国建设监理协会

2019 年 12 月 30 日

72篇征文名单（排名不分先后）

序号	题目	作者	单位	序号	题目	作者	单位
1	准确理解全过程工程咨询 努力提升集成化服务能力	刘伊生	北京交通大学教授、博士生导师	9	对监理企业开展全过程咨询服务的一点点思考	陈 立	广州珠江工程建设监理有限公司
2	全过程工程咨询的实践探索	杨卫东 徐 阳 李欣然	上海同济工程咨询有限公司	10	将项目部文化建设作为企业文化建设的突破口——关于民营监理企业文化建设的初步探索	陈 炼 兰 勇 张 驰	湖南楚嘉工程咨询有限公司，湖南湘银河传感科技有限公司
3	工程监理与设计	屠名瑚	湖南省建设监理协会	11	会当击水时 扶摇九万里——监理企业向全过程工程咨询转型的思考	陈 颖	郑州中兴工程监理有限公司
4	装配式建筑的应用发展与监理工作初探	陈 文	山东省建设监理咨询有限公司	12	水电工程建设管理体制与适用监理企业市场条件	陈玉奇	中国电建集团贵阳勘测设计研究院有限公司
5	四川大剧院项目以投资控制为主线的全过程工程咨询典型案例分享	王宏毅 徐旭东	晨越建设项目管理集团股份有限公司	13	第十四届全运会拳击体育馆全过程工程咨询服务体会	成 蛟 陈 彤 王 辉 乔 佳	中煤陕西中安项目管理有限责任公司
6	浅谈项目多元化咨询服务的实践与思考	陈海红 周广虎 郭 峰	山东明信建设工程咨询有限公司	14	工程监理企业开展全过程工程咨询服务的探索与实践	邓祥彬 阴发盛 许航健	长春建业集团股份有限公司
7	关于监理行业人才现状及问题的思考	陈 毫	湖南天福项目管理有限公司	15	新常态背景下建设监理企业如何实现改造升级	段国生	湖南正联项目管理有限公司
8	全面推进工程建设全过程工程咨询服务	陈吉旺	广州珠江工程建设监理有限公司	16	基于装配式标准构件体系的标准化安装技术工艺研究	段志明	河北方舟工程项目管理有限公司

序号	题目	作者	单位	序号	题目	作者	单位
17	监理会议纪要所涉及的相关法律问题探讨	樊 江	太原理工大成工程有限公司	45	监理企业转型升级实践之初探	王神箭	湖南雁城建设咨询有限公司
18	建设项目全过程工程管理流程模型的探讨	方 砯	北京帕克国际工程咨询股份有限公司	46	浅谈监理行业的现状及发展方向	王舒平	山西协诚建设工程项目管理有限公司
19	从项目代建的经验出发探讨全过程咨询服务的难点	冯欣茵	广州建筑工程监理有限公司	47	工程监理企业开展全过程工程咨询服务的优势与探索	王探春	湖南长顺项目管理有限公司
20	试论新时代条件下监理工程师的学习	高春勇 杨 洁	太原理工大成工程有限公司	48	概述装配式建筑监理	王万荣	湖南方圆工程监理有限公司
21	"工程总承包（EPC）+全过程咨询"模式的应用探索	高 健	北京建大京精大房工程管理有限公司	49	全过程工程咨询理论应用与服务实践研究	王小龙	山西交通建设监理咨询集团有限公司
22	全过程工程咨询研究报告	关远航 王彦辉	北京中建工程顾问有限公司	50	监理企业参与政府购买第三方安全巡查服务的探索	王雅蓉	山西协诚建设工程项目管理有限公司
23	研究探索监理企业转型升级及业务模式拓展延伸	侯臣良	河南万安工程咨询有限公司	51	"项目管理+监理"咨询服务尝试	王玉明	湖南电力工程咨询有限公司
24	造价咨询服务的未来——BIM技术在设计阶段的应用	胡振兴	友谊国际工程咨询有限公司	52	工程建设全过程咨询服务模式与价值体现研究	武小兵	内蒙古科大工程项目管理有限责任公司
25	新时代建筑业全过程工程咨询的几点思考	蒋光标 周成波	中国华西工程设计建设有限公司，成都冠达工程顾问集团有限公司	53	采用智能技术全面提升全过程咨询的效率——全过程咨询应用智能技术的初步探索	许俭俭 向 阳 潘春雪	湖南楚嘉工程咨询有限公司，湖南湘银河传感科技有限公司
26	项目管理是监理企业开展全过程咨询的核心优势	李 洁	青岛市工程建设监理有限责任公司	54	监理服务向全过程工程咨询服务转型升级的思考	颜永兴	湖南和天工程项目管理有限公司
27	全过程工程咨询是工程监理企业转型升级创新发展的方向	李宏东	内蒙古科大工程项目管理有限责任公司	55	5G时代下监理智能服务管理应用的探索	杨 歆	岳阳长岭炼化方元建设监理咨询有限公司
28	以满足客户需求为核心目标是监理向全过程工程咨询转型的必经之路	李 杰	湖南省工程建设监理有限公司	56	论监理企业在全过程工程咨询项目中的持续发展	杨海平	山西省煤炭建设监理有限公司
29	监理企业开展全过程工程咨询服务工作的实践与探索	李万林 王瑞波 王 申	河南省育兴建设工程管理有限公司	57	总监理工程师转型为总咨询工程师的分析与能力建设	杨 旺	成都衡泰工程管理有限责任公司
30	浅析BIM技术对监理工作的影响及应用方法	李显慧	山西维东建设项目管理有限公司	58	浅谈全过程工程咨询服务面临的困境及建议	杨文波	北京赛瑞斯国际工程咨询有限公司
31	监理企业向全过程咨询转型的人才需求探讨	李增瑞	山西共达建设工程项目管理有限公司	59	国锐广场项目监理工作总结	于清斌	北京赛瑞斯国际工程咨询有限公司
32	新时代工程监理企业创新发展探索与实践	李照星	铁科院（北京）工程咨询有限公司	60	全过程工程咨询对现有体系的冲击和变革举措	张京昌	建银工程咨询有限责任公司
33	基于BIM技术的全过程工程咨询初期实践简报	梁 明	中咨工程建设监理有限公司	61	监理队伍建设与人才培养	张亮亮	临汾开天建设监理有限公司
34	浅谈高铁新城基础设施建设工程如何实施项目管理及监理一体化服务管理模式的	刘 辉	山东同力建设项目管理有限公司	62	监理队伍建设与人才培养	张三成	山西卓越建设工程管理有限公司
35	全过程工程咨询在EPC总承包项目上的应用与思考	刘翔鸿	建基工程咨询有限公司	63	全过程工程咨询服务监理模块	张小桂	北京市顺金盛建设工程监理有限责任公司
36	全过程工程咨询的业务模式与主体责任研究	陆 参	北京方圆工程监理有限公司	64	监理企业发展新思路——全过程工程咨询	张 雪 梁红洲	河南兴平工程管理有限公司
37	BIM技术在工程监理中的应用研究	牛雅莉	山西卓越建设工程管理有限公司	65	论传统监理企业向全过程工程咨询服务企业转型	张正华	株洲南方项目管理有限公司
38	学习《指导意见》（发改投资〔2019〕515号）的几点感想和体会	皮德江	北京国金管理咨询有限公司	66	浅谈监理企业转型发展过程中亮点服务模式的树立	赵中梁	山西煤炭建设监理咨询有限公司
39	监理企业未来发展之思考	钱池进	浙江江南工程管理股份有限公司	67	监理队伍建设与人才培养	周建伟	山西安宇建设监理有限公司
40	施工监理过程中BIM技术的应用	宋海马	山西省煤炭建设监理有限公司	68	工程技术是安全管理的定海神针	周 杰	四川瑞云建设工程有限公司
41	浅谈以监理企业为主的全过程工程咨询的优势	宋志红	瑞和安惠项目管理集团	69	开展高新技术应用研究与工程实践增强监理企业转型升级实力	周克勤	北京建大京精大房工程管理有限公司
42	监理企业发展全过程工程咨询服务的问题与对策	孙 晖	深圳市深水水务咨询有限公司	70	工程总承包模式的监理探索与创新——港珠澳主体工程岛隧工程	周玉峰	广州市市政工程监理有限公司
43	专业监理工程师在施工现场的作用分析	陶俊涛	山东天昊工程项目管理有限公司	71	全过程项目管理咨询模式的应用	朱晓平	广州珠江工程建设监理有限公司
44	不忘初心，大胆开拓——监理企业转型升级模式探索建设工程第三方评估	田红伟	河北方舟工程项目管理有限公司	72	监理行业转型升级创新发展策略分析		晨越建设项目管理集团股份有限公司

工程监理与工程设计

屠名瑚

湖南省建设监理协会

引言

工程设计是工程项目建设龙头和灵魂，一项优秀工程设计不仅名留青史，更是对一个国家当前或长期经济发展和文明进步发挥出重要作用，如中国古代的都江堰治水工程，今天的山峡水利枢纽工程，等等。优秀工程设计的共性是拥有一个最佳设计方案，专业之间有着完美的配合。失败的工程设计是由设计能力不足、方案不佳、违规、考虑不周、一味满足业主不科学合理的要求等因素造成。工程设计是多专业合作的复杂系统工程，共性中包含着许多个性，整体统筹局部，项目负责人的综合素质和工程设计团队的智慧及创造力决定设计成败。实践反映设计能力有时难以完全满足大型复杂、先进技术项目的要求，因而，国外产生了工程技术咨询行业，满足工程建设市场的全面需要，第三方工程咨询机构为确保设计方案最佳、降低投资风险、提高投资效益等提供咨询服务。中国的工程监理发展30余年，其作用大部分体现在施工阶段的监管，项目建设前期决策阶段的技术咨询是一块短板，过去正因为前期决策阶段技术咨询的缺项使中国工程建设付出了巨大的代价。两部委《关于推进全过程工程咨询服务发展的指导意见》于2019年3月15日下发，文中提出和强调了"投资决策综合性咨询"，将为中国工程技术咨询行业补长短板，又为工程监理行业转型升级发展提供机遇。然而由于各地政府自行出台工程技术咨询方案，相关制度和措施不够健全，许多项目前期阶段技术咨询还是处于重管理、轻技术咨询的旧状。因此，笔者从工程监理与工程设计两方面谈一点粗浅认识，介绍工程设计的任务、原则、范围等，又尝试如何针对项目前期阶段开展工程技术咨询提出一些拙见，希望通过抛砖引玉的方式引起行业讨论的涟漪，共同探索一条具有中国特色的工程技术咨询道路。文中所谓"工程监理"是指大监理，包括工程监理、工程技术咨询、建设项目管理；所谓"工程设计"也指大设计，包括前期阶段的项目建设文件编制、工程设计，甚至还包括试车。

一、工程建设项目基本程序

编制项目建议书→立项审批→编制建设项目可行性研究报告→编制建设项目环境影响报告→项目可行性研究报告、项目环境影响报告评估→初步地质勘探→初步设计及审批→详细地质勘探→施工图设计→施工图审查→申请施工许可→施工→试车→验收→编制竣工图→工程交付和使用→建档。

小型简单项目，其项目建议书和可行性研究报告可合并（项目建议书代可行性研究报告），在有相邻建筑物的地质资料情况下初步地质勘探（甚至详细地质勘探）可省略。

大型或新技术复杂项目，进行可行性研究之前需开展预可行性研究。在初步设计之后施工图设计之前需进行技术（方案）设计。

二、工程设计原则

（一）法规性设计原则：符合国家法律法规、产业政策（创新、优质高效、环保）、经济发展规划和计划、设计规程和规范。

（二）技术性设计原则：技术先进可靠、工艺成熟、方案科学合理。

（三）经济性设计原则：投资节省，运行、维护成本低。

（四）安全性设计原则：采用成熟安全标准，确保建设、安装、生产、维修方便和安全。

（五）质量性设计原则：采用成熟质量标准，产品质量符合标准并竞争力强，功能满足使用要求，建筑美观大方、新颖。

（六）效益性设计原则：经济效益或社会效益明显。

（七）舒适性设计原则：保障生产、使用具有良好环境。

设计原则应随着技术发展和社会进步不断调整和完善。

三、决策、设计阶段主要任务

（一）项目建议书

为落实政府制定的发展规划、计划和社会及企业需求，建设单位向建设主管部门提交项目建议书，申请工程建设项目立项。项目建议书可由建设单位编制，也可委托工程技术咨询或工程设计单位编制。项目建议书主要内容包括：项目建设单位、建设依据、建设规模、原材料和产品方案（使用功能）、主要工艺和设备选型技术方案、投资估算、资金来源、融资模式、拟选项目区域位置、建设用地面积和建筑面积估算、产品市场方向（预测）、建设周期、环境影响、项目效益等。

编制项目建议书应做到：主体明确（项目性质、产品类别、建设规模等）；论据充分（法规、政策、技术、经济、环境影响与治理、项目用地、原材料和能源供应、市场预测等数据和情况等）；论证有力（项目建设优势、可行性、产生的经济和社会效益等）。

（二）项目可行性研究报告

依据批准的立项报告，建设单位委托专业的并具备资质条件的工程咨询单位，依照行业可行性研究报告标准分专业按章节编制。项目可行性研究报告是

项目建议书工作和内容的延续及深化，内容更加全面和具体，说明更加详尽，使用的信息更加广泛和准确，调查论证手段更充分，将各专业设计方案对比和优化、技术经济分析、建设项目存在的问题和待批事项清楚说明。通过项目可行性研究报告的文字、数据、图表勾勒出建设项目的情景，为科学决策提供全面、详尽、真实、准确的信息依据。其主要内容如下：

1. 建设项目基本概况。根据各行业可研报告标准编制，对建设依据、建设单位、建设规模、项目组成、投资估算、区域位置及选址、用地性质、建筑用地面积、建筑面积、原材料供应、产品方案（使用功能）、主要工艺和设备选型方案、主要建构筑物型式、产品国内外市场供需（现有生产能力和需求缺口等）、资金来源和组成、融资模式、水文气象和地质地貌、交通运输条件和方法、工作制度、劳动定员、建设周期、产品成本和价格、建设费用组成、材料定价规则、产品规模盈亏点、贷款偿还期、投资回收期、环境影响及治理主要措施、项目效益等进行概况说明。

2. 项目选址方案说明。根据国家建设项目用地相关法律、政策、可研报告编制标准等说明选址区域位置、建设用地性质和总量、土地征用、粮田置换及补偿方案。对多个拟选项目建设地址进行踏勘和优势对比、原材料来源和产品销售市场、运输成本控制、三废对环境影响、方案比选等进行全面论述。制作总平面布置和区域位置示意图。

3. 各专业设计方案说明（仅以龙头专业为例，龙头专业：市政项目一般为建筑专业人员，工业项目一般为工艺专业人员。公用工程专业包括：总图运输、

结构、电气、自控、给水排水、暖通、热工、环境保护、园林绿化、技术经济、概算、外管外线、非标设备等）。对主要产品（功能）规模、生产方法、工艺流程、单项工程组成（车间、工序）、设备选型、产品（主要产品和附属产品）质量标准、产品用途和市场需求关系等进行介绍；对选择的工艺流程和技术参数进行详细说明，并绘制主要工艺流程简图；对主要工艺设备的性能、国内外设备性能对比进行详细说明；对主要原材料、燃料、动力消耗指标和供应条件进行说明；对三废主要成分和排放量、环境影响及治理方法和措施进行简要说明（环保有专章）；对技术经济分析结果进行概况说明（由技经专业详细说明）；对项目采用的工艺技术和自动化生产水平程度进行介绍；对重要信息来源进行说明；对主要产品市场、行业技术发展、预留生产能力等进行前瞻性预测分析和介绍；必要时制作主要生产设备平面布置简图。

4. 项目存在各种问题的说明。从产业政策、建设条件、产品方案、工艺技术、设备选型、原材料和能源供给、各专业技术方案、产品更新换代速度、工程造价、市场行销、未来发展、技术经济指标、投资规模和效益、三废治理效果等方面将存在的问题逐一列出。需要多地相关政府和部门协调的问题要特别说明。

5. 可研报告结论。通过对项目规模、建设内容、产品方案、产品质量标准、产品市场，项目选址、投资规模、融资模式、原材料和能源供应、各专业技术方案、交通运输、工程造价、技术及经济指标、环境影响等的研究，针对项目法律及产业政策的符合性、技术可靠性、投资效益性等方面，对产品前瞻性发展进行预判，提出该项目建设存在

的各种问题，得出该项目可行性结论。结论一定实事求是，不得使用错误信息和误导方法。

加强政府投资项目科学决策力度是工程技术咨询单位开展咨询服务的重点任务，"政府投资项目要围绕可行性研究报告，充分论证建设内容、建设规模，并按照相关法律法规、技术标准要求，深入分析影响投资决策的各项因素，将其影响分析形成专门篇章纳入可行性研究报告。"防止领导意识等替代可行性研究报告而出现决策失误。

（三）初步设计

《建设项目环境影响评估报告》《项目可行性研究报告》获得批准后，《项目可行性研究报告》中提出的问题全部得到解决和落实，且地质初步勘探完成，建设单位委托设计单位进行初步设计。初步设计分为《初步设计说明书》《初步设计概算书》和初步设计图纸三大内容。初步设计依据项目建设批文、地质初步勘探报告、法律法规、技术标准、设计规程规范、业主合理意见（进度、质量、投资关系的处理）、调研收资等开展。初步设计是可行性研究报告的延续，介于决策和实施阶段，既要深化决策阶段的工作内容，又要为审批和施工图设计提供更充分的依据，通过初步设计检验项目决策的可靠性和科学性，处理各专业技术问题更加专业化和精细化，进一步发现问题和挖掘更佳的专业设计方案，进而对项目决策方案实施调整，使建设项目决策更加科学、方案更加优化、技术更加先进可靠、投资更加节省、效益更加明显，确保建设项目的投资风险降到最低。主要内容包括：

1. 初步设计说明书。与可行性研究阶段的设计方案说明方式基本相同，论述更加详细，深度贴近实质。各专业按照批准的可研方案、行业初步设计标准、规范等开展专业设计，对完成的初步设计按专业进行说明。主要内容包括项目总平面布置、占地面积、建筑系数、场地标高、土石方量、绿化系数、原料及产品运输量和运输方法，地质、水文、气象资料；技术方案、工艺（原理）流程、单位工程组成、工艺计算和设备选型、设备平面和立面布置、技术参数；主要建构筑物结构型式、地震烈度、施工方法、主要建筑材料使用标准和用量；三新技术使用；消防方案和措施、环境治理措施和方法；投资概算、技术经济指标；存在的问题等。

2. 初步设计概算说明书。主要内容包括项目建设总投资、项目建设费用分类及额度、建筑单位造价、单项工程及各专业建设费用等明细、主要设备价格、建材价格、定额标准等。编制造价明细和汇总表。

3. 技术经济指标说明。包括产品产量、生产成本、出产成本、销售成本、出产价格、销售价格、单位产品消耗指标、劳动定员、工作制度、年工作日、日工作时、单位产品利润、年总利润、产品规模盈亏点、贷款偿还期、生产盈利期、成本回收期等技术经济指标。

4、专业设计。按照各行业初步设计标准、规范开展初步设计，设计深度和图纸符合标准。提供总平面布置图、单位工程建筑平面和立面图、项目整体（主体）效果图、各专业单位工程设备平面和立面布置图、工艺流程（原理）图、设备一览表、材料汇总表。

（四）施工图设计

施工图设计是将项目设计概念变为施工蓝图。在初步设计获得批准，地质详细勘探完成，专业相互条件、主要设备图纸（设备基础和原理）、各专业主要工艺设备完成订货，原材料、各种能源正式协议完成签约后，按照初步设计批文、行业设计规程规范、技术标准进行施工图设计。向建设单位提供各专业设计图纸、结构计算书、设备一览表、材料明细表、材料汇总表、各专业施工图设计说明。

四、设计流程

（一）建设项目设计工作流程

开工报告→专业方案讨论→专业互提条件→专题讨论→专业设计→施工图审查→图纸入库→图纸提交→设计交底→现场处理问题→设计变更→竣工图设计（施工单位）→入城市档案馆。

（二）专业设计流程

制图→设计（具有设计资格专业人员）→校核（具有设计资格专业人员）→审查（设计项目专业负责人或主任工程师）→会签（其他专业之间设计人员）→审核（设计项目负责人）→审定（单位总工程师或分管副总工程师）。

五、加强咨询队伍建设和能力培养

（一）工程咨询所需要的工作能力

1. 总咨询（监理）工程师。在一定的区域内为所学专业知名人士或领军人物，专业知识渊博且实践经验十分丰富，在本专业具有良好造诣，对本行业的技术、发展方向趋势具有相当的预判能力。旁通其他工程建设专业技术，并拥有相关基本常识和知识储备。对工程设计原则、规程规范应用、方法、内容等熟练掌握和了解。在工程项目建设中工作责任性、组织协调能力、处理问题能力强。工作认真负责、恪尽职守，是德才兼备的高素质工程技术综合性人才。

2. 专业咨询（监理）工程师。本专业知识丰富、精通业务、旁通其他工程建设专业知识、了解工程设计基本常识，工程监理和项目管理经验丰富，现场处理问题、工作责任性、组织协调能力较强，并具备良好的执业操守。

（二）人才和能力培养途径

1. 兼并或联合工程设计单位。有实力的企业可以采取一次性兼并或联合设计单位的办法，直线式提升咨询企业的设计能力并实现业务转型升级。

2. 企业培养设计人才。从总监理工程师、专业监理工程师队伍中挑选一部分骨干送到工程设计单位进修和锻炼，提升工程监理技术骨干的工程设计指挥能力。

3. 从社会聘请高素质工程设计人才。从社会聘请高素质工程设计人员成立工程咨询顾问团，开展企业内部工程设计培训，承担工程技术咨询任务，提升工程设计和咨询能力，缓解监理企业目前设计监理、综咨、建咨压力。

4. 建立工程建设数据库。工程设计、工程咨询、工程监理和项目管理都离不开工程信息和数据，工程建设数据库是工程设计、工程咨询、工程监理和项目管理的技术资源和工具，工程监理企业应养成信息积累习惯，逐步建立全面的工程建设信息和数据库。

六、前期决策和施工图设计阶段工程技术咨询

在中国开展投资综合性决策和施工图设计技术咨询十分迫切和必要，项目建设前期决策和施工图设计阶段实行工程技术咨询，让作为主体责任单位的"盾"遇上咨询单位的"矛"，"矛"和"盾"既发生激烈碰撞又产生化合反应，化合反应的结果是提升了项目前期阶段决策的科学性和真实性，提升了施工图设计的安全性和合理性，可行性研究报告编制单位不再忽悠，"项目可行性研究报告"清一色的"可行"结论、领导拍了算的现象将逐步得到扭转，科学决策之风蔚然升起，国家和社会期盼已久的确保"有效和安全投资"就会到来。

然而中国相关人士认为或部分地方已经这样开展全过程工程技术咨询：即把建设项目前期决策阶段的责任主体与工程监理、招标代理等整体发包作为全过程工程技术咨询模式。笔者不敢苟同和持反对意见，其因是存在诸多问题：一是这种模式只是建设单位改变招标责任主体的形式，设计、监理、招标代理等单位还是跟过去一样各自完成其主体职责。业主不仅希望责任主体完成各自的职责，还需要一个第三方的咨询机构对相关责任主体的工作成果提出咨询意见，确保科学决策和施工图设计质量，所以这种模式没有一个实质的、独立的第三方工程技术咨询机构，当然也不会发挥工程技术咨询作用。二是工程监理行业转型升级看不到希望，开展和推广全过程工程咨询本是工程监理行业转型升级的良好机遇和希望，但现实很骨感。按这种模式开展全过程工程咨询的项目，已出现咨询单位高额亏损，建设单位收获不到工程咨询成效。其主要原因是全过程咨询项目招标把项目建议书编制费、可研编制费、工程设计费、工程监理费、招标代理费等叠加作为工程咨询费，项目实施时项目建议书和可行性研究报告编制单位要去了编制费，工程设计单位要去了设计费，工程监理单位要去了监理费，招标代理单位要去了代理费等，而真正高层次、高价值的工程技术咨询服务费在哪里？向谁要？即使有些项目列了很有限的牵头费，但与工程技术咨询付出相比是杯水车薪的，没有报酬或低廉的价格怎能获得优质的咨询服务？三是误导工程监理行业转型升级发展，按这种模式任何企业都可轻而易举实现所谓的转型升级，昨日大家都是工程监理企业，一觉醒来全部都是全过程工程咨询单位了，把转型升级的难度几乎化为零，对整个行业持续健康发展其极不利。四是扰乱了现有工程项目建设程序。把项目建议书编制、可研编制、工程初步设计前期决策阶段的主体责任划为全过程工程咨询范畴，把主体责任和技术咨询责任混为一体，而全过程工程咨询是不强制属性，那么今后的工程项目建设能直接从施工图设计开始吗？

鉴于上述问题和全国没有全过程工程技术咨询统一规定的现状，笔者认为项目建设各阶段主体责任（项目建议书和可研报告编制、初步设计）与工程技术咨询是不同性质的两个范畴，下面谈一点建设项目前期决策和施工图设计阶段工程技术咨询方法，剖析工程技术咨询这样做，业主会收获什么，咨询单位应该得到什么。

（一）项目立项工程技术咨询

1. 项目建议书的作用。编制项目建议书是帮助主管部门对拟建项目全面了解并为审批提供科学决策依据，促使建设单位拟建项目获得立项批准。

2. 项目建议书咨询原则。认真分析、科学论证。

3. 咨询方法。根据拟建项目性质，

建立以总咨询工程师（主导专业）和各专业咨询工程师的咨询机构（同一个单位既承担编制又负责咨询时，不得是同一批人员，以下各阶段相同），咨询机构人员应具备同类建设项目的丰富经验。咨询机构对项目建议书内容开展全方位和深入的分析，核实相关信息，提出问题或意见。总咨询工程师组织各专业咨询工程师讨论和论证，形成项目建议书咨询意见并提交本单位审批。

4.咨询工作主要内容：

1）审核拟建项目是否符合国家相关法律法规、经济发展战略和产业政策，是否满足国家基本建设规划和计划的项目条件。

2）审核项目建议书内容是否符合编制规定和标准。

3）认真分析各专业技术方案是否可靠。

4）综合分析项目建设条件。包括资金来源、建设（投资）规模、建设用地、原材料和能源供应、技术和主要生产设备、环境影响等。

5）项目效益。认真分析和论证产品市场需求和前景、经济和社会效益收成，分析存在哪些投资风险。

6）复核信息。全面复核项目建议书中所采用的信息和数据。

7）内容修改。对项目建议书错误内容和问题提出修改意见和建议，对存在无法解决的问题作重点说明。

8）编制咨询意见。总咨询工程师组织各专业咨询工程师讨论，对各专业提出的问题认真分析和论证、统一认识，提出拟建项目的优势和问题，形成咨询意见纪要，由总咨询工程师编制"项目建议书咨询意见"，报本单位负责人批准后提交建设单位。

（二）项目可行性研究工程技术咨询

1.项目可行性研究报告的作用。项目可行性研究阶段是项目建设决策最关键时刻，通过编制项目可行性研究报告，全面深入研究立项建设法律法规符合性、建设条件保障性、投资规模合适性、技术先进和可靠性、专业方案优越性、投资效益明显性、原材料和能源供应长期性等，同时提出立项建设项目存在的问题和遇到的风险，既为建设单位提供项目建设决策方案，又为建设主管部门提供评估、审批科学决策依据。保障可行建设项目继续开展后续建设工作，实现建设单位的投资计划和投资回报，防止不可行建设项目继续建设，杜绝决策失误和投资风险。

2.可行性研究报告咨询原则。深入分析、突出比选、全面评估、充分论证、结论准确。

3.咨询方法：

1）根据立项建设项目性质，建立以总咨询工程师（主导专业）和各专业咨询工程师组成的咨询机构，咨询机构人员应具备同类建设项目的丰富经验。

2）组织咨询机构召开咨询工作会议，制定咨询工作计划，落实岗位责任制。

3）派出技术咨询代表长驻项目可行性研究编制单位。总咨询工程师和各专业咨询工程师参与编制单位的各专业方案讨论，每一次方案讨论会记录讨论内容和咨询意见。

4）总咨询工程师组织各专业咨询工程师到各项目备选地址进行现场踏勘、收集相关资料。组织相关专业咨询工程师收集政策、技术、经济、市场、效益、原材料和能源供应等相关信息。

5）开展技术咨询。对建设项目的规模、条件、选址、技术方案、主要设备、数据、信息、指标、三新应用和结论等全部内容进行深入认真的分析、研究、对比、核实、评估和论证等。各专业工程师通过咨询指出建设项目的特点和优势、问题和意见。总咨询工程师组织召开咨询工作总结会，对各专业咨询工程师提出的意见进行集体讨论，形成项目可行性研究报告咨询意见并提交本单位审批。

4.咨询工作主要内容：

1）总咨询工程师组织各专业咨询工程师参加编制单位建设项目选址方案讨论会，从地质、水文、气象、建设成本控制、运输成本控制、环境影响和治理、防灾等方面参与方案讨论并记录讨论内容，提出认可或推出最佳方案的咨询意见。

2）总咨询工程师组织各专业咨询工程师参加编制单位主导专业方案讨论会，从技术方案、工艺（功能）、主要设备、项目组成、自控水平、节约投资、产品市场情况、建筑结构形式、原料和能源供应、环境影响、投资效益等方面参与讨论并记录讨论内容，提出认可或推出最佳方案咨询意见。主导专业是项目建设的核心，其他专业加强与其协调和配合。

3）相关专业方案讨论会，总咨询工程师和本专业咨询工程师必须参加外，其他专业咨询工程师是否参加由总咨询工程师根据情况和需要决定。咨询内容同主导专业方案讨论会。

4）总咨询工程师在项目可行性研究报告编制完成之前，组织召开咨询意见专题讨论会议，除了监理机构人员外，邀请本单位分管的技术负责人等到会，总咨询工程师介绍项目可行性研究报告咨询整体情况，各专业咨询工程师介绍专业咨询意见。会议形成纪要，最终形成"项目可行性研究报告咨询意见"，咨询意见一定坚持原则，可行的就认可，可调整的就调整，不可行的必须提出否定的意见，"项目可行性研究报告咨询意见"由本单位批准后提交建设单位。

（三）初步设计工程技术咨询

1. 工程初步设计的作用。初步设计阶段是项目建设投资控制和确保项目建设质量关键阶段，既要保证初步设计的承前性又要保证它的延续性。通过初步设计检验项目可行性研究报告选择的各项方案是不是在整个项目总成后是最佳方案，发现问题作出修改，使未来建设的项目方案最优，确保项目技术先进可靠、产品市场对路、投资节省、工程质优、生产维护安全、杜绝和降低风险、投资效益明显。为开展施工图设计奠定全面良好的技术基础。

2. 咨询方法和咨询工作主要内容。初步设计的咨询和主要工作内容与可行性研究报告基本相同（简略）。

3. 初步设计咨询工作重点。检验可行性研究报告各项方案的正确性和适合性，发现问题提出修改方案的咨询意见。加强对主导专业工艺、设备物料计算和选型的核实，加强对工艺流程（原理）图的确认，加强对各专业之间有机配合的效果识别，加强项目组成的监控防止漏项，加强对造价的监控，加强对技术经济指标的核实等。必要时组织对三新（技术、方法、材料）使用和同类项目的环境污染及治理措施进行现场考查、调研和收资。

4. 各专业的咨询意见必须报本单位分管技术负责人审批。

（四）施工图设计工程技术咨询

1. 施工图设计的作用。施工图设计是项目实施建设阶段第一个程序，按照初步设计批文、工程设计规程规范、技术标准、初步设计文件和图纸所确定的专业方案、详细地质勘探资料、各专业条件、影响质量安全因子等，各专业通过精确计算和精心设计出施工图纸、表格和说明，指导工程施工建设，是施工、安装、验收、监管、决算、审计等直接依据。在此阶段影响因素众多，施工图图纸的质量直接影响到建设工程的质量、进度、造价以及施工安全和运行。

2. 咨询方法和咨询主要工作内容。施工图设计的咨询和主要工作内容与初步设计基本相同（简略）。

3. 施工图设计技术咨询工作重点：

1）提前介入详细地质勘探的布孔图。

2）实施过程跟踪。

3）检查执行工程设计规程规范、技术标准等。禁止突破强制性标准设计底线。

4）检查初步设计批文建设内容，杜绝单项、分部分项工程漏项和改变主要初步设计方案，环境治理、绿化等辅助性单项工程必须同时设计。确实需要改变初步设计主要（重大）方案的必须事先报原初步设计审批部门批准。

5）检查总平面布置符合防火、容积率等设计标准，满足各专业功能需要，功能分区合理。从防洪、减少土石方量等选择建筑物室内外的合理高程。

6）检查各专业对建筑设计的功能需要、防火标准等。

7）检查工艺设备管道布置，确保生产、维护安全方便。有预留生产线的设计布局，考虑将来的生产线技术发展变化，留有合理和足够的平面及空间。

8）检查结构计算选用的软件，结构计算必须准确无误，既要防止欠安全设计，又要防止安全过剩设计。选择的建筑基础和主体结构形式、施工方法必须符合建设项目优质、安全、节省等原则，确保施工过程安全生产。

9）各专业之间的配合不能出现错乱。

10）消防、抗震、防雷、人防、节能、降耗、新技术应用等措施必须到位。

11）各专业咨询意见必须是分阶段报总咨询工程师和本单位分管技术负责人审批。确保咨询意见在设计完成之前提交建设单位。设计完成后编制总施工图设计技术咨询意见。

4. 注意事项。施工图设计工作量大、专业交叉、过程复杂、设计人员众多、数据和影响因子庞大，任何一个错误，都有可能导致建设项目出现质量和安全问题或事故。施工图设计技术咨询只能确保设计原则、项目组成、技术方案、强制性标准、结构计算书、施工方法等重大事项不出现违规和失误，不可能复核所有设计数据和图纸线条。当工程监理作为技术咨询牵头单位时，在签订咨询合同时一定明确项目前期阶段（含初步设计）、施工图设计负连带责任的范围，保护牵头单位的合法权益。

国锐广场项目监理工作总结

于清斌

北京赛瑞斯国际工程咨询有限公司

摘　要：国锐广场A、B座办公楼结构形式为型钢混凝土框架-钢筋混凝土核心筒结构，结构高度182.6m，共计地上36层，地下3层，标准层层高为4.5m；技术难点为（标高、轴线、垂直度）三线控制、核心筒正向施工、外框为逆向施工（因外框顶板为压型钢板）、混凝土的泵送及竖向结构的养护、接近顶部结构施工与拆塔计划衔接、制冷站及综合管线等；针对该工程的难点，项目监理部制定相应的管理措施，在现场应用管理的效果非常好，得到建设单位及施工单位的好评；在施工过程中加强对工程的质量方面（钢筋、混凝土、钢结构、防水等）、安全方面（临电、塔吊、爬模、爬架等）检查控制，发现问题及时要求整改处理，实现了工程项目预期的总目标，施工监理工作开展顺利。

关键词　平面及立面管理　垂直运输管理　质量控制　安全控制

受北京国锐房地产开发有限公司的委托，北京赛瑞斯国际工程咨询有限公司于2014年3月组建国锐广场项目监理部，进入该工程实施项目整个施工过程的监理工作，在建设单位和监理单位的共同努力下，2018年1月完成施工合同约定的全部施工内容，具备了四方验收条件，建设单位组织了工程竣工验收。

一、工程概况

（一）A、B座办公楼［综合商务设施项目（国锐广场）］工程，位于北京经济技术开发区35号街区35C1/35F1地块，此地块位于荣京西街南侧，紧靠荣华南路西侧。建成后将成为亦庄经济技术开发区的地标性建筑。

（二）本工程建筑功能为综合办公楼，结构形式为型钢混凝土框架－钢筋混凝土核心筒结构。A座建筑面积79847.49m²，B座建筑面积77207.49m²。本工程地上共计36层，地下共计3层。标准层层高均为4.5m。

（三）建筑防火分类为一类，防水等级为一级，耐火等级为一级，人防等级为6级。抗震设防烈度8度。

（四）合同工期：2014年4月10日~2017年12月31日。

（五）工程各参建单位

建设单位：北京国锐房地产开发有限公司；

设计单位：中冶京城工程技术有限公司；

勘察单位：中兵勘察设计研究院；

施工单位：北京建工集团有限责任公司；

监理单位：北京赛瑞斯国际工程咨询有限公司；

幕墙分包单位：沈阳远大铝业工程有限公司；

机电分包单位：中建一局集团建设发展有限公司；

装修单位：苏州金螳螂建筑装饰股份有限公司；

质检单位：北京经济技术开发区建设工程安全质量技术中心。

二、现场平面布置管理

（一）平面管理的难点

超高层建筑建设在亦庄中心区，寸土寸金，场地一般非常有限，所以要对场地精打细算，采取多种措施缓解。例如，本工程地处亦庄经济技术开发区核心区，地下室占地面积约为15000m²，整个施工现场的施工面积不足7000m²，且环绕在基坑四周。留给超高层的场地更小，其中包括施工道路，在车库结构分区域完成后，利用车库顶板当作材料堆放区及加工区，场地面积内要包括钢结构堆场、钢筋加工棚、幕墙板块堆场、电梯设备堆场、预留生活区等，有限的面积严重制约着现场生产。

（二）项目监理部主要应对措施

1. 分段流水施工，灵活利用场地

根据现场狭小特点，要求总包结合现场的实际情况，科学组织施工、结构进行分段流水施工，根据工程施工情况，实时进行现场场地的调整，多次召开相应的专题会议，形成施工的总体规划。

考虑本工程场地狭小，无法保证正

常的施工需求，本工程将基础部分施工分段流水，将车库 B 区作为最后施工部位。后施工区域作为先期施工的材料堆放及加工场地，灵活利用现场可利用的各时间段场地。

2. 对部分结构进行加固，用作临时场地

为了满足堆场的要求，原设计的楼板承载力可能不足，在这种情况下，对地下室顶板进行加固或回顶，使其具有较大的承载力，从而可以用作材料堆场或临时道路，相当于增加了现场的可使用场地。本工程根据施工组织设计，将车库 A 区先行施工，然后利用车库顶板作为材料堆放及加工场地，回顶加固方案经设计院进行结构复核验算满足要求，基本上满足材料堆放及钢筋加工厂场地的要求。

3. 减少材料设备在场地上的堆放时间

在超高层建筑的主体施工阶段，钢结构与钢筋堆放为均占主导，同时下部的砌体、幕墙、电梯、机电等材料设备也陆续进场，由于场地限制，减少材料在现场的积压时间，监理部要求总包单位强化现场场地的管理，要求各专业单位进场的材料做到随到随运，就可以在现有的场地上堆放更多的物料，相当于扩大了现场可使用面积。本工程要求钢结构、砌块、压型钢板等每一批构件进场就能立即吊运至主体上，尽量减少钢结构构件在现场的堆放和场地占用。

4. 办公及部分加工区外移

市政工程开工后，监理部要求总包单位管理部门与生产无关的办公人员办公区移至施工现场外。同时将部分机电加工场、电梯设备堆场移至地下室，保证市政施工的顺利进行。本工程市政开工后，要求施工单位加快施工进度，最短时间内硬化出材料的存放区，并采取将钢筋加工场搬至施工现场附近基地，每天用货车将成品钢筋运至场内，挪出的场地用于混凝土泵机泵管、电梯、装修材料的堆放，幕墙材料主要堆放在不使用的道路区域。采用上述措施，基本缓解了现场的场地紧张局面，保证了工程整体进度。

三、垂直运输管理

（一）管理难点

本工程建筑材料、机电设备竖向供应量大，垂直运输是超高层的难点，解决了垂直运输的问题，应该说解决了工程施工问题的绝大部分。以本工程为例，钢结构约 2 万吨，混凝土约 12.4 万 m²，钢筋约 2 万吨，幕墙板块 7408 块共约 56000m²，电梯 44 台，砌体约 9000m²。如此众多材料要运输到指定位置，材料运输及综合协调管理的难度可想而知。

（二）监理部的管理措施

组织召开总包单位及各专业施工单位不同施工阶段的专题会及邀请有超高层施工经验的专家进行专题座谈。

本工程首要任务是根据场地狭窄确定垂直运输设备的型号，以确保设备的运输能力能满足工程的要求，设备选型需要考虑到建筑结构的特点和工程工期要求，特别是要考虑到钢结构的吊装重量要求和吊装次数，设备能力不足，肯定会影响工程结构工期，也会导致钢柱分断太短而增加现场的吊运工作量和焊接工作量，对于结构质量控制不利。

（三）确定设备的平面布置

设备的平面布置决定了其吊运能力能否最大化发挥，这也和建筑物的设计情况及现场场地情况密切相关。

1. 设备的平面位置应保证建筑物及设备自身的安全，将设备固定在牢固的建筑物部位。

2. 设备使用要方便，尽可能对现场吊装有利，特别是对重型构件和设备吊装的要求能够满足。

3. 要考虑有利于工程施工，尽量避免影响设备位置的后期施工。

（四）设备的立面管理

1. 达到一定高度时将塔吊由双绳更换为单绳，在保证安全的情况下，可加快塔吊的吊运速度。

2. 施工电梯竖向分段，规定每台电梯的停靠楼层，可减少电梯的竖向停靠时间，加快电梯的运行速度。

3. 正式电梯提前使用替代施工电梯，部分施工电梯可以提前拆除，尽量减少施工电梯对装修及机电工程的影响。

4. 采取其他的辅助措施进行吊装，让塔吊主要用于钢结构的吊装，这样可以加快主体的进度。

（五）做好设备使用时间的协调和计划

面对每天数以百计的钢构件吊运，达有钢筋吊运、幕墙板块吊运、机电设备吊运、电梯主机及导轨吊运、钢制硬隔离吊运等众多的工作任务，塔吊 24 小时作业也忙不过来，因此需要强化整体工作的协调，根据周进度计划，提前 24 小时规划塔吊的吊装计划，使用单位需要向总包提出书面塔吊使用申请，由总包单位统一安排使用计划，监理部进行不定期的抽查，重点检查吊运计划是否偏离实际的需求，并根据现场材料及设备进场情况及时协调各专业单位使用塔吊时间段，要求总包安排专人每天检查吊运计划的落实情况，每周例会重点汇报。

四、安全防护管理

（一）管理难点

超高层建筑施工中，物体打击是一个重大的安全隐患。由于核心筒混凝土结构一般需提前施工，因而存在大量的立体交叉作业，加上大量大型设备的使用，存在很多重大危险源，必须对上述危险源进行有效的管理。

（二）监理部管理措施

1. 实行工序审批制度，推行安全全员管理

工地作业工序很多，为了保证每个工序的安全均在受控之中，充分贯彻"管生产必须管安全"的方针，监理部重点监督检查总包单位工序审批制度，每个工序作业前监理工程师抽查项目生产经理（生产主管）对施工工长、项目专职安全员及安全部负责人是否履行规定的责任进行监督，并签字确认。

2. 重要设施需共同验收

大中型设备（包括塔吊、顶模系统、施工电梯、爬架、施工吊篮、混凝土布料机）必须由总包三个部门（施工部、安全部、技术部）人员验收合格并签名后方可使用。特别重要的设备，如塔吊、顶模系统、爬模系统等，必须得到项目监理部的书面认可后才能进行相应的作业。

（三）定期抽查总包安全培训记录

为了提高项目管理人员的安全意识，开展经常性的管理人员安全学习，通过学习，营造良好的安全氛围，提高所有管理人员的安全意识和安全管理水平，有助于项目安全管理工作的推进。监理部要求总包单位每周定期组织分包单位负责人、各专职兼职安全员进行安全培训，培训的内容结合现场的实际进度及存在的风险，形式多样化，培训的目的是保证安全管理体系正常运转，确保现场无设备事故、人员伤亡事故。监理工程师不定期地对培训情况、记录等进行抽查，定期组织总包、各专业分包对现场安全管理状况进行检查，跟踪落实隐患的整改。

（四）强化消防管理

超高层项目消防救援极其困难，因此，必须要消除消防隐患。设立制度化的管理办法，建立消防隐患排查及治理机制，确保现场无火灾事故，监理部的控制措施：1. 易燃易爆品要求总包专项管理并建立台账，存放区消防设施齐全，有警示标志；2. 监理工程师不定期地检查现场动火作业是否有审批，灭火措施是否满足要求，动火监护是否落实；3. 配备足够的消防器材，如楼层用消防用水，灭火器；4. 做好隐患排查，要求总包建立专门的消防应急小组，监理工程师定期巡检及不定期抽查；5. 消防培训和演练，工地的消防队伍要经常进行消防知识的培训和演练，发现消防管理中存在的问题与不足，并及时进行改进。

（五）做好安全防护

超高层项目的危险性多，需要开展针对性的安全防护，解决具体的安全隐患，安全防护需提前辨识重大危险源，编制适当的防护方案，并在现场实施，才能取得较好的效果。项目监理部主要采取了如下措施：

1. 核心筒安全防护

项目核心筒混凝土结构施工的立体隔离分3层，第一层在顶模系统上的钢平台上，整个平台采用花纹钢板满铺；第二层设置在顶模系统下挂架的底部，最下部的通道均采用花纹钢板铺好，在挂架与核心筒之间的缝隙，采用钢板翻板进行封闭。第三层设置在核心筒内顶模系统的底部，用钢管搭设成桁架形式，面铺钢板作为硬隔离防护棚，采用钢丝绳拉结到顶模钢桁架上，随顶模一起顶升。

2. 外立面安全防护

外立面施工中同时采用4道隔离防护网，在顶部钢结构安装区域设置操作平台及安全软网，防止人员坠落；第二道设置外框压型钢板临边防护栏杆，以保证楼板施工人员的安全；第三道设置外框劲性柱施工区域，采用分片式爬架进行立体防护，以保证劲性柱施工人员的操作安全；第四道为每隔两层的水平挑网，以防止物体及人员的高空坠落。

3. 其他部位的竖向防护

在爬升塔吊的底部悬挂硬隔离防护棚，可以隔离大塔吊牛腿焊接时接盆遗漏的火花，可以减小作业人员出现意外坠落的伤害，可以预防作业人员操作失误而导致的工具或材料的落物伤害等。永久电梯井道历来是安全防护的重点，本项目采用了工字钢加脚手架满铺脚手板硬防护与防坠网的立体防护。

（六）预防高处坠落的措施

超高层建筑施工中存在多处交叉作业，交叉部分必然存在一些临边作业，对这些部分，必须采取预防高处坠落的措施，本工程采用的有：1. 规定所有上超高层建筑作业的人都必须佩戴安全带，所有高处作业都必须挂好安全带；2. 钢结构施工的临边必须外挂至少一层安全平网，且安全平网应至少包括一层铁丝网，以保证平网能拦截高空的钢板下坠；3. 所有的钢梁安装完成后，钢梁之间必须拉平网防护；4. 超过2m的攀爬必须使用防坠器；5. 吊篮内作业人员必须使用安全绳。

五、施工进度管理

（一）管理难点

高层项目楼层多，工程量大，工序多，施工专业分包单位多，工序流水作业及交叉作业多，要想取得理想的进度，各施工单位必须通力合作，总承包单位应努力做好协调和管理工作。

（二）管理措施

1. 提前确定合理的施工组织设计

指导一个工程施工最重要的文件是施工组织设计，它涵盖了整个工程的主要管

理要素，因此，在工程开工之初，项目监理部要求总包单位组织技术力量做好项目施工组织设计的编制，以明确项目的平面布置、主要施工方法、主要设备选用、总体进度计划、主要质量控制措施、主要安全控制措施等项目管理的重点内容。施工组织设计编制完成后，需经施工单位技术总工审批签字，再报送项目监理部审批。

2. 编制总体控制计划，明确各项施工内容

超高层施工技术难度大，存在着与常规建筑不一样的结构构件、设备和装饰要求，因此，需要对整个施工过程进行全面的掌握，监理部组织专业工程师认真研究设计图纸，要求总包单位将整个工程施工过程需要完成的关键线路的所有工作罗列出来并上报，合理确定各工作之间的先后顺序，根据工程总体关键时间节点，排出合理的符合合同要求的施工总体进度计划。总体进度计划非常重要，它是超高层建筑施工管理的关键文件之一，也是项目监理部控制进度计划的重要依据，该文件能避免施工关键线路上工作的遗漏，避免因准备工作不足而影响工程总体进度。

比如本工程在主体结构中模板系统从确定厂家、模板设计、方案论证、加工制作、产品运输需要较长的准备时间，因此准备工作必须提前进行，本工程在做基础桩就开始进行该项工作的准备，至2015年3月，各项准备工作全部就绪，保证了模板系统的正常使用安装，并在地下室混凝土墙体浇筑时利用了大钢模。

3. 方案先行，确定主要的施工方法

超高层建筑在结构、设备、装修上均与常规建筑不一样，因此，现场采用的施工方案很多无经验可循，必须要提前编制，重要方案还需要组织专家论证。施工中有众多的专项方案，也应提前安排编制，以便确定相应的材料、设备、专业分包单位等。项目监理部要求总包单位技术方案的编制应把握安全、科学、经济的原则，对重要受力的施工方案，项目监理部组织工程师积极参与，且制定出的方案要经专业设计单位的结构受力验算。

4. 积极有效地沟通和协调是进度管理的关键

施工方案和进度计划确定以后，现场的实施就是关键了。为了保证进度计划的正常进行，要求总承包单位发挥进度主心骨的作用。做到引领、指导、服务、监督、奖罚等配套管理工作，项目监理部要定期跟踪、检查、对比、纠偏，定期发出纠偏的指令，并监督措施的落实及纠偏的效果；积极有效地沟通是保证进度计划按期完成的必要措施，一般采用例会制度与专项会议的形式来进行。在本工程，采用了周一、周四的总包例会，周二的监理例会，周三的精装专题例会及其他不定期会议来解决。会议上，总包单位充分听取各分包单位在进度管理中的问题与困难，并采取针对性的解决措施，以确保项目的进度情况在受控范围之内。

5. 做好过程精品，以质量保证进度

超高层建筑工期非常紧，一般核心筒混凝土结构要做到4~6天一层，钢结构安装也要做到5天一层，这种情况下，不允许在质量验收上耽误太多的时间，争取要做到一次通过，因此，项目施工管理部门应做好施工班组的技术质量交底，明确质量验收标准，要求施工班组做好工序质量施工和班组自检，验收要一次性通过。如不能通过，则要采取严厉的处罚措施。只有质量验收顺利进行，才能保证有较快的施工进度。

6. 执行好奖罚制度，确保项目的执行力

每个超高层建筑都有大量的施工班组及分包单位，每一个个体都有其利益关系，如何将这些主体理顺，拧成一股绳一起使劲，是施工项目进度管理的关键。根据本工程的经验，在做好指导、协调和服务工作外，奖罚制度的严格落实是一个关键，监理部建议总包单位在奖罚制度的执行中要注意以下问题：

首先要完善各项进度管理制度，并做好制度的宣传，让大家都知道项目制度是如何规定的。

其次要做到公平公正，在处理班组工作纠纷或是检查分包及班组工作时，要本着公开公平公正的原则进行，要做到有道理有证据，以教育为主处罚为辅。

最后要严格执行奖罚制度，不要随便破坏制度的执行，才能让下面各单位不敢对总包下达的指令阳奉阴违，或对总包的要求打折扣。同时要运用奖励的作用，推行有罚有奖，充分调动被管理者的积极性，这样可以让快的保持，慢的加快，使进度管理一直处于受控之中。

结语

国锐广场A、B座超高层在参建各方共同努力下，实现了工程项目预期的总目标，该工程已经获得北京市"结构长城杯金杯"，施工过程中未发生安全、质量事故，取得了较好的社会效益；本工程建设单位为监理工作提供了有力的支持，施工监理工作开展顺利。未来，在新建工程建设中以该工程成功的管理做范例，不断提高工程建设过程中监理的管理水平，为建设单位提供更好的监理服务工作。

浅谈悬臂桥梁挂篮施工监理

付英伦

北京赛瑞斯国际工程咨询有限公司

摘　要：石家庄太行大街石黄桥为石家庄太行大街快速路系统工程的一部分，下跨石黄高速公路。该工程结构比较复杂，施工难度大，自身风险和外部环境风险大，也是公司为数不多的较特殊类型桥梁施工监理。本文总结了该工程施工过程的控制重点和方法，强调了该工程的质量风险，为今后的类似桥梁施工监理提供了借鉴。

关键词　挂篮安装　悬浇施工　平衡荷载　对称施工　三向预应力结构体系　特别重大风险源

近几年来，随着城市及道路交通建设的飞速发展，科学技术的提高，工程技术的不断进步，悬浇箱梁在桥梁建设中被越来越多的采用。悬浇箱梁一般具有跨线、跨障碍的施工优势，施工过程中挂篮技术的应用、预应力结构的实施尤为重要。悬挑受力、平衡施工、挂篮设备安装、预应力张拉等多种形式的安全质量风险源随之产生。由此，施工质量的好坏直接决定桥梁的使用，施工安全的控制是决定着大桥能否顺利实施的关键所在。

鉴于该类工程的特点和风险控制需要，作为监理更应在安全、质量、控制中熟练掌握悬浇结构及挂篮施工的控制要点，确保万无一失地，顺利地完成工程项目。

本文结合石家庄太行大街石黄跨线桥的工程监理实例，阐述一下预应力连续箱梁悬浇施工的监理控制方法和监理要点，以便于今后在此类工作中起到参考和指导作用。

一、工程概况

本大桥跨越石黄高速公路。起点桩号 k18+277.970，终点桩号 k18+992.430，全长 714.46m，22 孔。桥梁横断面分两幅设置，单幅桥宽：0.50m（护栏）+16.00m（行车道）+0.25m（护栏）=16.75m。

全幅宽 33.50m，双向 8 车道。其中主桥悬浇段（10 号墩～13 号墩）全长为 145m，跨径设置为 40m+65m+40m 连续结构，梁体采用悬浇变截面现浇预应力混凝土连续箱梁，单箱单室截面，纵横竖三向预应力结构体系。其他桥段为简支梁结构。本文仅就预应力混凝土连续箱梁悬浇施工部分作阐述。

该连续箱梁为 0 号～9 号节段，其中，0 号和 9 号为墩顶现浇段和边跨直线段，长度分别为 12m 和 6.5m，采用满堂支架法施工；1 号～7 号节段为标准节段，其中 1 号～5 号节段长度 3.5m，6 号～7 号节段长度 4m，采用挂篮法悬浇施工工艺；8 号为边跨和跨中合拢段，长度 2m，采用吊篮施工。标准段和合拢段最大节段混凝土设计方量 53.3m³，最小节段混凝土设计方量 22.1m³。混凝土标号 C55，主桥悬浇段采用三角架挂篮施工工艺。

二、工程特点

挂篮悬浇箱梁的施工特点是将箱梁（T 形结构）分为若干节段，运用挂篮工艺悬臂逐段施工。待混凝土达到一定强度并施加预应力及管道压浆后，挂篮设备移动就位进行下一段浇筑直到节段完成通过相邻梁体合拢体系转换为连续梁。挂蓝设备是在悬臂浇筑法浇筑节段梁等钢筋混凝土工程时，用于承受施工荷载和梁体自重，能逐段向前移动特殊设计的主要工艺设备。主要组成部分有承重系统、提升系统、锚固系统、行走系统、模板与支架系统。

挂篮悬浇连续箱梁是利用梁体作为主要承载体进行的荷载平衡施工方法。由于荷载直接作用在已建成的梁体上，在施工过程中易引起梁体永久性变形及倾覆破坏，所以梁体的空间位置控制是本施工方法的难点和重点。这种施工方法除必须按钢筋制作、混凝土浇筑和支架现浇箱梁的相关要求进行施工质量监理外，还应满足以下要求：

1.0号块支架可使用腕扣式支架，也可以使用轻型钢支架或桁架式支架，0号块支架施工前承包人必须编制专门的施工方案，以确定支架的方案，验算支架的强度、刚度和稳定性，监理工程师要验算进行审核，保证支架安全可靠。

2.挂篮安装前必须进行荷载的堆载预压，以取得各个节段荷载作用下挂篮本身的变形量，用于指导全程施工。同时还要以1号块的荷载为基数的超载预压，超载系数可根据梁顶面积以及施工时的各种临时荷载来确定，保证挂篮在最大荷载条件下的安全可靠性。

3.各节段间施工过程纵向预应力张拉十分重要，这不但是结构强度需要，也是负担各个节段荷载保证，调节纵向变形的重要环节，所以必须严格控制。

4.各节段间施工缝必须严格按要求处理，断面处须将表面浮浆全部凿除、凿毛处理。

5.各节段衔接处的模板在安装时必须紧贴混凝土表面，必要时可预加表面荷载以使表面紧贴，保证节段衔接美观，不错台。

6.挂篮悬浇施工混凝土浇筑必须保证左右平衡荷载，对称浇筑，确保挂篮上下左右变形相等，不至引起梁体倾斜、扭曲等安全质量问题。实际施工时应控制两端浇筑不平衡重不超过20%或执行设计文件。

7.合拢段两侧箱梁之间设置能传递结构内力的临时连接构件，合拢段必须在一天中温度最低时段施工。

8.综合本工程特点存在以下重大安全风险源：

1）悬挑段采用三角架挂篮工艺，设备制作、安装质量要求高，属特别重大风险源。

2）0号台、边跨现浇段支架搭设高，混凝土体积比较大，为超高、超重支撑体系。

3）挂篮施工上穿石黄高速，施工中起重作业，钢筋、模板安装，电焊作业，挂篮移动等均有可能给本工程带来安全隐患，须采取防护措施，属重大风险源。

4）该工程为纵横竖三向预应力结构，张拉、灌浆工程极其重要且繁琐，必须严格控制。

5）该工程要求平衡施工比较严格，T形结构两侧必须同时施工，全部荷载力矩值之差不得超过20%（或设计值）。

三、监理控制程序

（一）悬浇箱梁（挂篮）监理控制流程图

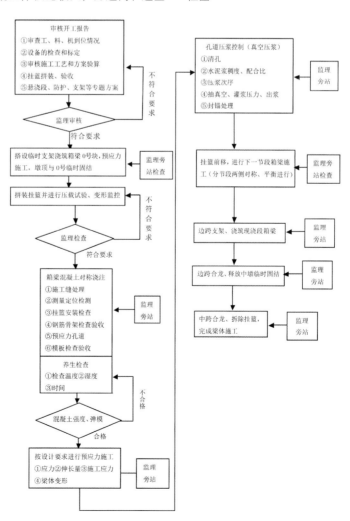

（二）挂篮组拼施工监理控制流程图

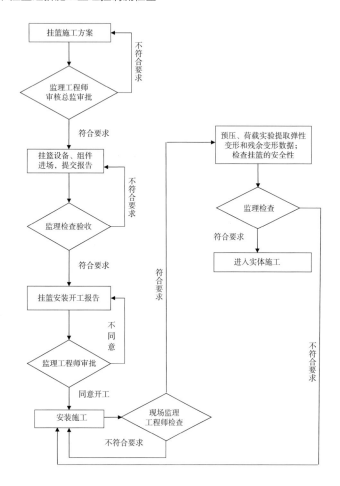

四、悬臂箱梁挂篮监理要点

（一）施工准备工作监理

监理工程师应按以下内容开展工作：

1. 检查承包人施工场地情况，承包人施工场地包括桥上和桥下两部分，桥下又包括钢筋加工场地、混凝土拌和场地和桥下的设备作业场地，由于挂篮施工工序连续紧凑，各工序工期相对比较紧张，场地必须满足施工工期需要。

2. 检查下部墩柱和支座垫石验收以及临时固结预埋件的设置情况。

3. 对用于工程实体的原材料，除按规定频率进行抽检试验外，必须对照进场材料的数量和质量证明进行全面的检查，防止不符合要求的材料用于实体工程而引发质量问题或事故。

4. 对商品混凝土生产厂进行实地考察，确定砂、石、水泥、外加剂等质量及供应情况，满足现场需要。同时检查配比试验，确定符合设计要求的签发同意使用文件。

5. 检查承包人负责悬浇施工的技术管理人员的到位和合同符合性。

6. 检查承包人用于悬浇施工的施工机械设备和挂篮设备的质量和完好符合性。

7. 检查进场的各种模板支架几何尺寸、规格、加工精度的符合性。

8. 检查现场施工备用电源是否完好、施工用水是否充足、养护物质是否到位。

9. 检查防护措施是否合格，是否按方案组织施工。

10. 驻地监理审查、总监理工程师审批开工报告：

1）审核施工方案、施工工艺、技术保证措施和工期控制是否满足总体施工组织设计的要求。

2）审核承包人的质量保证体系和挂篮悬浇施工质量保证措施。

3）审核文明生产、安全施工保证体系和保证措施。

4）审查主要物资、设备、材料进场，满足使用要求。

5）审查特殊工种人员资格证明文件。

（二）施工过程监理

挂篮悬浇施工过程共分为4个阶段：0号块施工、挂篮悬浇节段施工、边跨现浇段施工、合拢施工。每个节段按施工的顺序又分为：挂篮安装施工，模板施工，钢筋、预应力筋的制作安装施工，混凝土施工，预应力施工，孔道压浆施工。在施工过程中主要应做好以下几方面的监理工作：

1. 0号段施工

1）0号段浇筑前，复核桥墩顶部标高、支座、临时固定支撑、临时固定钢绞线等，符合要求后方可进行0号段施工。

2）0号段支架安装完成后报监理工程师进行检查，合格后进行预压，预压应分级加载，最大荷载一般等于支架所承受的梁段最大重量的1.2倍，消除托架非弹性变形值并测出其弹性变形值作为底模安装时调整标高用，整个预压过程监理工程师要旁站检查。

3）铺设底模，施工单位应提供底模标高计算依据和测量成果，经监理复核无误后方可进行下道工序施工。

4）绑扎钢筋、安装预应力管道及其他预埋件、安装外模及内模，以上施工完成自检合格后报监理工程师检查，仔细检查各种钢筋、波纹管、预应力、预留孔数量及位置是否正确及牢固，合格后浇筑混凝土。

5）进行养护，养护方案须经监理工程师审核同意。

6）拆除内模，完成钢绞线穿入，混凝土强度、弹性模量达到设计值的85%以上（或按设计），龄期不少于7天（或按设计）方可进行三向预应力张拉，然后压浆。三向预应力施工按设计要求先进行纵向，再进行竖向和横向施工，张拉、压浆过程监理进行旁站检查。

2. 悬臂段施工

1）悬臂段施工前要完成0号段与墩柱的临时固节，临时固节过程监理进行旁站检查，合格后方可进行下部施工。

2）检查挂篮及模板加工制作质量是否合格，对挂篮进行预拼以验证加工的精度，试拼后进行静载试验，对挂篮的焊接质量进行最后的验证，整个过程需要监理工程师旁站。挂篮设备及模板要进行进场检验，经监理检查合格后方可使用。

3）挂篮拼装和预压，悬臂施工开始前对安装好的挂篮进行试压，试压分级加载，最大荷载一般等于最大梁段重量的1.2倍。在预压过程中，为消除非弹性变形，在顶横梁上部设检测点，测出弹性变形值并做好记录，整个过程须要监理工程师进行旁站。

4）施工单位提供底模、外模标高和中心线定位的依据，经监理工程师审核通过后安装调整模板、绑扎底板钢筋、安装底板预应力管道、绑扎腹板钢筋、安装腹板预应力管道、内模定位、绑扎

顶板钢筋及安装顶板预应力管道，施工完成并自检合格后报监理工程师检验，检验合格后对称浇筑梁段混凝土。

5）梁体混凝土浇筑

（1）为了能正确合理地控制梁体挠度，在每个梁段前端底板横向布设三个测点。施工中，及时观测挂篮走行前、挂篮走行后、浇筑前、浇筑后、张拉前、张拉后6个时态的挠度变化，将实测值及时反馈给专业检测单位进行分析，以便调整计算参数，推算下一个梁段的标高预留量。

（2）在混凝土施工过程中，T构两边要特别注意均衡作业，严格控制不平衡弯矩的产生，悬臂两端混凝土的累计浇筑量相差不得大于设计限定数量。挂篮移动同时、同步进行，施工机械和材料不得任意放置，尤其到最大悬臂时，非施工人员上桥也需严格控制。

（3）合拢前，相邻的两T构的最后两段，在立模时进行联测，以便互相协调，保证合拢精度。

（4）施工中按规定频率观测标高、轴线及挠度等。并分项做好详细记录，每段箱梁施工后，要整理出挠度曲线。浇筑前后，吊带一定要用千斤顶张紧，且三处要均匀，以防承重后和已成梁段产生错台。整个施工过程监理工程师均需旁站检查。

（6）按规范要求进行养护、拆模、梁端凿毛，经监理检查合格后进行三向预应力、压浆工序的施工，该工序施工单位自检合格后并报监理检查，施工完成后移动挂篮到下一梁段。挂篮行走时，T构两端同步进行。

3. 边跨现浇段施工

1）按方案要求进行支架的搭设、测量、预压、调整并经监理工程师检查

确认，合格后进行下部施工。

2）进行底外内模安装、绑扎钢筋、安放预应力管道。施工完成自检合格后报监理工程师检查通过后浇筑混凝土。

3）混凝土施工应符合设计及规范要求并须监理工程师旁站。

4）混凝土养护方案应经监理工程师审核通过。

5）完成三个方向预应力、灌浆工作，监理进行旁站检查。

4. 合拢段施工

1）按设计要求，合拢段施工顺序为先边跨合拢，再中跨合拢。

2）为切实保证灌筑质量，防止合拢过程相临两段相对位移，固定端头位置要在边、中跨合拢段设置可靠的临时刚性措施，同时保证合拢段混凝土强度及弹性模量达到100%设计值且混凝土龄期不少于7天（或按设计），进行预应力张拉确保混凝土质量。

3）检查合拢段挂架承载力能否承受各种临时荷载，是否符合施工方案要求。

4）检查梁内需张拉的预应力钢束是否张拉完成。

5）严格控制合拢段的合拢长度为2m。

6）合拢段在焊接劲性骨架前，在合拢段两端加平衡重，平衡重等于合拢混凝土的重量，随混凝土的浇筑逐步卸除配重。

7）选择合拢时的温度为一天中最低温度。施工时间尽可能缩短，混凝土强度比梁体提高一个等级，高强少收缩或微膨胀水泥，以减少混凝土收缩，防止出现裂纹，并加强养护工作。

8）监测合拢段的标高和轴线，将合拢段这两个参数控制在设计允许范围

之内。合拢前的高程差是常出现问题，关键是要尽量对称安排施工次序，严格进行监控，确保高程差在允许误差范围内，避免为了消除高程差而强制压低一端进行合拢，造成梁内次应力，在桥运行阶段梁体内出现超过规范允许的应力，而导致承载能力下降。

9）合拢段混凝土强度、弹性模量达到设计要求后，要求承包单位按批准的张拉方案尽快张拉，张拉完毕后监理工程师同意后即可进行孔道压浆。监理工程师全过程旁站预应力的张拉和孔道压浆，并做好记录。

10）转换体系前应按照设计要求完成张拉预应力束，然后按方案的要求均衡对称地释放临时支撑。在落架前应测量各节段的高程，在落架过程中须注意各节段的高程变化，如有异常情况应立即停止，以确保安全。

5. 挂篮安装施工监理

挂篮悬浇箱梁中的挂篮安装是这一施工工艺中的重要工序，监理工作要突出这一重点。这一阶段的主要工作是：

1）挂篮是预应力混凝土连续箱梁悬臂浇筑施工的主要设备，主要要求是，构造简单、拆装迅速、操作简便、移动灵活、行走方便、结构安全可靠、刚度和稳定性好、自重要轻。挂篮主要有桁架式（包括平弦无平衡重式、菱形、三角形、弓弦式等）、斜拉式、型钢式及混合式4种形式，本工程采用三角形桁架式挂篮。无论采用何种挂篮形式，监理都应要求施工单位对挂篮进行详细设计和计算，并将挂篮图纸和计算结果提交设计院复核，或经有资质的制作安装单位进行制作安装。挂篮出厂前要有监理工程师到厂检查验收，进场后要报监理检验。施工单位要提供完整的质量证明

文件，监理审核无误后，可进行挂篮组拼，在组拼时要特别注意安全。挂篮拼装好后，必须作承载试验和分级承载试验，以获得挂篮的弹性变形值和非弹性变形值及荷载一位移（P—F）曲线，作为设置挂篮预拱度的依据，也可以测定各部件变形量，为以后控制标高、线型奠定基础。

2）审查挂篮设计方案是否切合现场施工实际，是否具有保证人员上下的通道和护栏等安全设施，计算模型、计算参数取用是否合理，结构构件的强度、刚度是否足够满足施工要求，结构各构件的结点及细部构造是否符合钢结构规范要求。合拢段挂架设计的安全性、合理性，理论计算变形量是否在规范允许范围内。

3）审查方案中是否有完整的安全、质量保证措施。

4）检查挂篮安装是否按监理工程师复核批准的施工方案进行施工。

5）检查进场构件材料是否满足要求。

6）构件的数量、形式、使用位置是否符合经批准的施工方案的要求。

7）挂篮移动后是否有损伤、变形，否则要更换相关部件。

8）各构件的节点联结是否牢固，螺栓是否拧紧，力度是否一致。

9）安装位置是否准确，结构是否牢固。

10）构件是否与预应力管道错开。

11）挂篮行走前要求在桁架尾端安装平衡压重，以保持桁架脱离锚固后的平衡。施工中要经常检查和旋紧锚固螺栓，防止松动。

6. 模板安装施工监理

模板的制作安装除按照正常模

板施工的相关要求外，还应注意以下几点：

1）该模板属高大模板，所以模板制作要求具有一定的钢性，必要时要进行钢性验算。所以进场时要检查模板肋、骨架的设置是否满足要求，焊接是否牢固。

2）安装时要根据设计值和预拱度确定底板和顶板的标高，监理工程师要按预先计算的标高检查挂篮模板每个部位的标高是否符合要求。

3）0号块必须检查模板与桥梁支座处的接缝是否密贴，防止漏浆引起箱梁缺陷。

4）检查模板的纵、横轴线是否满足设计要求，检查模板的几何尺寸是否满足施工规范要求，模板支撑是否牢固，接缝是否严密。

5）支架模板组合完成后要按方案进行预压以防止浇筑混凝土施工过程中支架产生沉降变形引起混凝土的破坏。预压的时间要满足批准的方案要求。

7. 钢筋、预应力筋的安装施工监理

1）钢筋、钢绞线、精扎螺纹进场要严格执行材料进场报验程序，各类材料按不同进场批次、品种、规格进行复试检验，合格后方可使用。

2）钢筋的焊接要特别注意按设计和规范要求进行，成型的钢筋骨架用吊装设备放置在施工断面时注意保护不被扭曲变形。

3）同一节段钢筋接头时应严格按施工规范将接头错开布置，避免出现在同一截面上。

4）钢筋骨架的加工要在坚固的工作平台上放出大样图准确进行加工。

5）本梁采用三向预应力体系，由于钢筋、管道密集，如钢绞线、精轧螺

纹钢等管道，普通钢筋发生冲突时，允许进行局部调整，调整的原则是先普通钢筋，后精轧螺纹钢，然后是横向预应力筋，保持纵向预应力筋管道位置不动。

6）钢筋现场绑扎焊接施工时，要将绑扎丝和焊渣处理干净。

7）钢筋品种、规格、间距、保护层厚度等要满足设计要求，保护层使用的垫块要经监理工程师同意后方可使用。

8）所有钢筋绑扎、精扎螺纹钢安装、波纹管安装、预埋件安装等完成后，施工单位自检合格报监理验收，经监理复核检查合格后方可进行混凝土浇筑。

8. 混凝土施工监理

混凝土的浇筑除按正常混凝土施工进行监理外还应按以下几点要求监理：

1）严格混凝土质量的进场控制。注意开盘鉴定的审核，检查混凝土品种、配合比、标号外加剂、塌落度、合易性等以及搅拌时间是否符合设计要求，不合格坚决退场。

2）混凝土浇筑前对支架、模板和预埋件进行认真检查，清理模板内的杂物，用清水对模板进行认真冲洗。

3）混凝土振捣过程中，顶板部分可用平板振动器找平，要注意保护预应力束波纹管孔道，以防水泥浆堵塞波纹管。

4）对锚垫板混凝土浇筑和振捣要认真仔细，以避免锚垫板下混凝土不密实，而影响预应力施加。

5）由于箱梁体积大、钢筋密，在混凝土浇筑过程中要注意控制水灰比，降低混凝土入模温度，防止局部开裂。

6）混凝土宜一次浇筑，因条件限制不能一次浇筑时应注意工作缝的设置位置，确保施工缝质量。

7）新老混凝土交接面应严格按施工缝要求进行处理，必须对混凝土表面

进行凿毛处理，并用水冲干净，在浇筑次层混凝土前，对施工缝刷一层水泥浆。

8）混凝土上料要考虑平衡加载，特别是要注意T构左右保持平衡，严防出现左右偏载而致使梁体倾斜甚至倾覆，造成安全事故。实际施工时应根据不同时段弯矩值控制两端浇筑（包括其他荷载）不平衡重不超过设计允许值。

9. 预应力施工监理

1）预应力钢筋、钢绞线管道位置必须按所给管道坐标精确定位，必须保证管道平顺，定位钢筋必须绑扎牢固。

2）预应力筋、钢绞线进场后要抽查预应力筋的断面尺寸及线丝直径数量，同时进行力学性能试验。

3）锚具、夹片到场后要检查锚固效率系数，其值不可小于0.95，施工过程中要定期按频率抽查锚具、夹片的硬度。

4）千斤顶和油压表要配套使用并定期检验，严禁超期使用和不同编号千斤顶及油压表混用。

5）预应力张拉时伸长量值是施工单位现场实测摩阻系数（锚口、管道摩阻损失）等计算的钢束伸长量，综合计算取值后报监理工程师批准，作为张拉预应力钢束监控的条件之一。

6）预应力施工的旁站工作，主要按以下要求检查：

（1）检查同条件养生混凝土试件强度、弹性模量、龄期是否符合设计要求。

（2）检查锚垫板头上的各种杂物以及多余的材料是否清理，孔道是否清洗干净，同时对管道的贯通进行检查。

（3）检查预应力钢绞线下料、梳理、穿束是否符合要求。

（4）检查锚具及其安装操作是否符合要求。

（5）检查限位板、千斤顶和工具锚的安装是否符合要求。

（6）检查工艺流程和张拉程序是否符合要求。

（7）检查承包人预应力钢绞线的实际伸长量，与理论计算伸长量进行比较，确认是否在规范允许的误差范围内。

（8）检查操作人员是否持证上岗。

10. 孔道压浆施工监理

为保证预应力孔道压浆质量，悬臂浇筑箱梁孔道压浆设计一般要求采用真空压浆工艺。

1）压浆要及时进行，需在预应力张拉后48h内完成。因为停顿时间过长，易出现夹片滑移，预应力滑丝而引起有效预应力的损失。

2）压浆前对压浆设备和抽真空设备进行检查，满足要求方可开始压浆作业。

3）检查管道两端的密封情况，抽真空时管道内真空度控制在-0.06 ~ -0.1MPa。

4）检查水泥浆的配合比和各项技术指标，符合规范要求才准予注入管道。

5）观察压浆时的压力，直至排出纯浆并稳定后封闭排浆端，继续对管道加压，压力控制在0.5MPa，持荷2min之后封锚。

6）现场监理对压浆施工进行全过程旁站，做好详细的记录和制取水泥浆试块。

11. 施工过程中的测量监理

悬浇箱梁测量监控是桥梁形体、安全变形控制的重要环节。测量监控一方面要保证每段箱梁保持空间几何位置的正确，另一方面要保证不发生施工过程由于荷载作用变形过大而造成的质量安全事故。所以施工过程中在施工单

位实施正常测量程序的基础上，还应委托有资质的第三方进行测量监控以确保桥梁施工的质量和安全。故应做到如下内容：

1）梁体高程、线形、挠度、变形的监控必须编制测量监控方案，与整个施工过程配合。

2）根据现场情况要求承包单位设置独立的现场监控体系，由专业测量工程师对梁体高程、挠度和平面位置等进行监控测量并做好记录。

3）施工时应对支架的变形、节点位移和支架基础的沉陷、桥面标高进行观察，如发现超过允许值的变形、变位，应及时采取措施予以加固。

4）挂篮桁架行走前要测定已完梁断梁体的标高，并定出箱梁的中轴线。当解除挂篮的后锚固后，挂篮沿箱梁中轴线对称向前推进，每前进一段作一次同步观测，防止挂篮扭曲。

5）实际监控梁体的变形，将梁体实际标高与经设计单位根据挂篮实际重量计算的各节段梁体标高曲线对比，允许偏差为 ±10mm（或按设计）。

6）在预应力箱梁浇筑前要在箱梁内预埋观测点观测悬臂浇筑混凝土前后梁体轴线、标高变化及张拉前后的标高变化，误差应在允许范围内，高程 ±10mm，中线 5mm（或按设计）。

7）预应力张拉中，要用高程监控梁体上拱度的变化，张拉时主梁弹性上拱值与计算值之间按 ±15% 控制，张拉完毕后及时压浆和封锚。

（三）其他施工中监理注意事项

1. 安装支架前，对支架台柱和支架支承面作详细检查，准确调整支架支承面和顶部标高，并复测跨度，确认无误后方可进行安装。

2. 各片支架在同一节点处的标高应尽量一致，以便于拼装平联杆。

3. 施工用的脚手架不应与结构物的支架相连，以免施工振动时影响浇筑混凝土质量。

4. 支架安装完毕后，应对其平面位置、顶部标高、节点联系及纵横向稳定进行全面检查，符合要求的进入下一道工序。

5. 钢筋制作安装过程中要注意不破坏模板上的脱模剂，特别注意不要破坏模板与支座处的接缝处理，保护层厚度和保护层垫块的使用材料必须满足设计规范要求。

6. 预应力管道要认真检查有无露孔，防止进浆，端口要堵塞以防落进杂物。混凝土浇筑完后要及时进行孔道检查，防止堵孔。

7. 严格控制精轧螺纹钢筋的张拉，按施工规范要求进行下料，张拉和压浆等必须做到全张拉、全锚定、全压浆、全合格。全过程做到每项张拉均应有完整的原始记录，要注意精轧螺纹钢与电焊系统隔离，防止通电退火，不能对其电焊或电焊火花接触，否则容易发生脆断。连接时要用专用连接器，在接近电火花的地方要用塑料管将其套上。

8. 预应力张拉完毕，禁止撞击锚头和钢束，在满足锚固长度的前提下，其多余部分，必须采取切割机切割，不得焊割，切割时要边切割边淋水，防止切割时温度过高损伤局部混凝土和锚具钢绞线。

9. 预应力张拉时严格按图纸和规范要求进行操作。预埋锚垫板与波纹管轴线要严格对中，锚具端平面与管道轴线垂直。

10. 三向预应力管道相碰时，保证纵向移动横竖向、用做后锚的竖筋不允许偏位。横竖向相碰时，保证横向移动竖向，但最大偏位不得大于10cm。

11. 纵向预应力钢束在箱梁横截面应保持两端同步对称张拉，每束横竖向预应力应保持均衡张拉。

12. 解除 0 号节段临时约束时应注意均衡对称，确保均匀地释放，在放松前要测量各节段的高程，放松过程中，须注意各节段高程的变化，如有异常情况立即停止，以保证施工安全。

13. 拆除挂篮时，应先拆除模板面，从悬吊系统开始逐步拆卸，拆除过程中应防止挂篮后倾。

五、安全监理

挂篮悬浇工程是具有多项重大安全风险的工程，除进行风险识别、风险评价、风险对策决策、实施决策、检查等内容外，监理工程师要做好以下工作：

（一）安全管理

1. 监理部要设专业安全工程师进行具体管理。

2. 对该项工程要编制监理细则、旁站方案、监理交底，并实施。

3. 较大风险项目要求施工单位编制安全方案，重大风险项目要进行专家论证，并严格审批程序。

4. 对挂篮安装、行走、拆卸等项目要进行旁站监理。

5. 对挂篮设备、千斤顶、吊车起重设备、仪器仪表等要定期检验，并要执行报审程序。

6. 挂篮设备每安装行走一次均要进行自检—报验—检查—验收程序。检查验收宜由 2 人以上进行。

7. 对存在的问题采取会议、通知、

巡检单、联系单、罚款、停工等形式解决，决不能留隐患。

（二）现场注意内容

1. 进入施工现场均须戴安全帽，高空作业应挂安全带。

2. 双层作业严禁上层作业面向下层作业面抛掷东西或掉物体；上、下作业面转移东西时，应系好拴牢，严防松脱掉下伤人。

3. 跨线部分以及工作区域要设置封闭围护或下部搭设防护棚，工作面和防护棚要经常清理杂物及不使用材料、工具，必要时要对桥面物质、材料、工具、设备采取固定措施，防止高空坠落。

4. 上层作业面周边应装好栏杆、扶手，挂好安全网；工作区域须满铺脚手板并稳妥可靠。

5. 上、下梯子应牢固，冬季施工时，应密切注意防冻、防滑，确保施工顺利进行。

6. 塔吊使用时应严格按操作规程办理，6级以上大风时，塔吊应停止使用。

7. 各种机具设备应处于完好状态，电线路应无缺损，绝缘良好，接地应可靠。

8. 墩旁托架安装好后，应按设计要求予以压重，以确保托架强度足够并消除非弹性变形。

9. 挂篮拼装和使用时，应严格遵循设计要求，拼装好后须进行压重，以验证其强度、刚度，消除非弹性变形；使用与行走时，应有足够的抗倾覆稳定安全系数，做到平衡施工、平衡荷载。每行走拼装一次都要报验经监理检查合格后方可进行下一步施工。安装、行走、浇混凝土时监理要旁站。

10. 挂篮行走时，应严格对称前移；承载时，主梁后锚固与底模后锚固应拉紧抄死，联结可靠，并做好观测标记，随时有人观测，监理要旁站。

11. 混凝土泵送时，机具设备状态良好，泵管支撑及拴挂安全可靠。特别注意平衡对称浇筑，做到平衡荷载。监理要旁站。

12. 张拉作业时，操作高压油泵人员应戴好防护眼镜，以防止油管破裂及接头处喷油伤眼。高压油泵与千斤顶之间的所有连接点及紫铜管（或高压胶管）接口必须完好无损，并将螺母拧紧。

13. 张拉作业时，千斤顶后方不准站人，测量伸长量、扎丝锚紧固螺帽或敲打夹片时，工作人员应站在千斤顶的侧面。

14. 张拉时，千斤顶升压或降压速度应缓慢、均匀，切忌突然加大或降压，雨天张拉时应搭设雨棚，防止张拉机具淋雨。冬季张拉时，张拉设备要有保暖措施，防止油管、油泵受冻影响工作。

15. 张拉加力时，千斤顶最大张拉力和行程不得超过其额定值，不得敲击和碰撞张拉设备，油压表要妥善保护避免受震。当张拉完毕而未压浆或虽已压浆但水泥浆尚未凝固硬结时，不要敲击锚具或脚踏手攀。

16. 张拉及压浆作业时，应严格遵循"对称"要求，特别是张拉作业，不可偏心施力。监理要旁站。

17. 孔道压浆时，操作人员必须戴防护眼镜、手套。压浆胶管与孔道压浆嘴及压浆泵要连接牢固，才能开动压浆泵，堵塞排浆口或排气孔时，工作人员应站在孔道侧面，以防止灰浆喷出伤人。要防止压浆管突然断裂伤人。

18. 备好足够的防火器材，箱梁内氧割烧下的拉杆螺栓头要及时清理以免引起火灾。

19. 在箱梁内进行穿索或张拉工作，应有良好的降温、通风、通信和照明等措施，动力电源应接地，并有防止漏电措施。

20. 加强观测与观察，以便及时发现问题，特别是0号块、临时支柱锚索、合拢段等处，须密切观察并做好记录，出现异常及时上报处理。

21. 注意场区、工作面文明施工；及时对箱梁内、桥面的杂物进行清理，通风孔与排水孔须通畅。

22. 为确保挂篮悬臂施工阶段的安全，现场宜成立"安全领导小组"，具体专门监督悬浇施工。

23. 监理注意经常与监测人员、设计人员保持良好沟通，发现问题及时解决。

六、质量通病原因分析及预防措施

（一）箱梁几何尺寸偏差过大

在箱梁的预制施工中往往出现几何尺寸的超标，如梁长、梁宽、顶板厚度、腹板厚度、底板厚度超标及出现错台等现象。

1. 产生原因

1）模板固定不牢固，导致模板涨模、变形、移位。

2）混凝土施工时，对混凝土顶面高度控制不准。

2. 预防措施

1）箱梁模板采用整体式结构，以减少拼缝并保证有足够的刚度，防止变形。

2）内、外模和端模、底模，安装位置准确，相互之间的联结要坚固可靠，防止浇筑时内模的上浮和移位。

3）箱底和桥面混凝土浇筑施工时，在箱底和桥面设标尺，以保证箱底和桥面混凝土的浇筑厚度。

4）箱梁底板混凝土浇筑时，在箱内设置足够的照明装置，确保施工人员看清浇筑厚度的标尺。

（二）箱梁腹板底部空洞、蜂窝

箱梁浇筑混凝土拆模后，在底板与腹板连接处的斜面承托部位，部分腹板离底板1m高范围内出现空洞、蜂窝、麻面。

1. 产生原因

1）箱梁腹板一般较高，厚度较薄，在底板与腹板连接部位钢筋较密，又布置有预应力筋，使得腹板混凝土浇筑时不易振实，也有漏振情况，易造成蜂窝。

2）浇筑混凝土时，若气温较高，混凝土塌落度小，局部钢筋太密，斜面振捣困难，易使混凝土出现蜂窝，不密实。

3）模板支撑不牢固，接缝不密贴，易发生漏浆、跑模，使混凝土产生蜂窝、麻面。

4）施工人员操作不熟练，振捣范围分工不明确，未能严格做到对相邻部位交叉振捣，从而发生漏振情况，使混凝土出现松散、蜂窝。

2. 预防措施

1）箱梁混凝土浇筑前应做好合理组织和分工，对操作人员进行技术交底，确定重点振捣部位，浇筑层次清楚。

2）根据施工气温，合理调整混凝土塌落度，当气温高时，应做好模板湿润工作。

3）对箱梁底板与腹板承托处，应进行重点监护，确保混凝土浇筑质量。

4）底模和侧模及侧模间接缝粘贴橡胶条，防止漏浆，模板连接螺钉及底部拉杆螺钉拧紧，重点检查，防止松动

后漏浆。

（三）箱梁腹板出现冷缝

箱梁在腹板位置常出现水平方向的色差、水纹线、蜂窝麻面。

1. 产生原因

1）梁浇筑时分层、分段时间间隔过长，浇筑上层时，下层已初凝，上层振动棒无法深入到下层混凝土中，在两层交界面出现的蜂窝麻面现象。

2）浇筑时下层表层形成水泥稀浆，上层浇筑时振动棒插入深度不够，使得两层交界面出现的色差现象。

3）气温较高，上层没有来得及浇筑，下层已初凝，在两层交界面形成的色差现象。

2. 预防措施

1）控制拌和能力及浇筑时间，适当控制混凝土的浇筑长度，在下层初凝前浇筑上层。

2）浇筑时振动棒插入下层5～10cm。

3）高温时在混凝土中掺入缓凝剂，延长混凝土的初凝时间。

（四）箱梁腹板表面粗糙及个别粘皮

1. 产生原因

1）外模清理不干净，脱模剂涂刷不匀。

2）浇筑底层混凝土时散落在腹板外模上的混凝土形成薄皮。

2. 预防措施

1）外模在涂刷脱模剂前用磨光机打磨干净，然后均匀涂刷脱模剂。

2）浇筑底层混凝土时混凝土靠内侧放料，尽量避免混凝土溅落在外模上。

（五）箱梁表面裂纹

混凝土终凝后出现不规则裂纹。箱梁生产完毕后，往往在表面易出现浅层裂纹。

1. 产生原因

1）梁体混凝土浇筑养护不到位。

2）混凝土搅拌完成后违规加水或找平时加水造成浮浆，易产生裂缝。

2. 预防措施

1）加强混凝土早期养护，浇筑完的混凝土要及时养护，防止干缩裂缝产生。

2）加强施工管理，混凝土施工时应结合实际条件，采取有效措施，确保混凝土的配合比、塌落度等符合规定的要求并严格控制外加剂的使用，同时应避免混凝土早期受到冲击。

3）制定科学的箱梁养护措施，宜采用洒水覆盖养护。

4）混凝土要及时浇筑，表面及时找平，避免放置时间过长混凝土固结影响操作。更不得随意加水，混凝土表面产生浮水。

（六）预应力钢束张拉时，钢束伸长值超出了允许偏差值

预应力钢束张拉时，钢束伸长值超过了规定的允许偏差范围，如包含平弯、竖弯的长钢束伸长值比设计值偏小；短钢束的伸长值偏大。

1. 产生原因

1）实际使用预应力钢材弹性模量和钢束截面面积与设计计算值不一致。

2）由于预应力孔道的位置不准，波纹管形成空间曲线，影响实际伸长值。

3）实际张拉伸长量量测值含工作夹片至工具夹片间钢绞线伸长值。

4）千斤顶与压力表等预应力张拉具未能按规定定期进行校验，造成张拉与伸长值不一致。

2. 预防措施

1）预应力筋在使用前必须按实测的弹性模量和截面面积修正计算。

2）正确量得预应力筋的引伸量，考虑工作夹片至工具夹片间钢绞线伸长值的修正值。

3）确保波纹管的定位准确，将波纹管的定位钢筋点焊在受力钢筋上，防止浇筑混凝土过程中发生波纹管移位。

（七）预应力筋的断丝和滑丝

预应力混凝土箱梁张拉时发生预应力钢索的断丝和滑丝，使得箱梁的预应力钢束受力不均匀或使构件不能达到所要求的预应力度。

1.产生原因

1）实际使用的预应力钢丝或预应力钢绞线直径偏大，锚具与夹片不密贴，张拉时易发生断丝或滑丝。

2）预应力束没有或未按规定要求梳理编束，使得钢束长短不一或发生交叉，张拉时造成钢丝受力不均，易发生断丝。

3）锚夹具的尺寸不准，夹片的锥度误差大，硬度与预应力筋不配套，易断丝和滑丝。

4）锚圈放置位置不准，支承垫块倾斜，千斤顶安装不正，也会造成预应力钢束断丝。

5）施焊时损伤预应力筋，造成钢丝间短路，损伤钢绞线，张拉时发生断丝。

6）浇筑箱梁混凝土前已先把钢束穿入波纹管，造成钢丝锈蚀，浇筑的混凝土浆留在钢束上，又未清理干净，张拉时产生滑丝。

2.预防措施

1）穿束前，预应力钢束必须按技术规程进行，梳理编束，并正确绑扎。

2）张拉前锚夹具需按规范要求进行检验，夹片的硬度一定要进行测定，不合格的予以调换。

3）张拉预应力时锚具、千斤顶安装要准确。

4）当预应力张拉达到一定吨位后，发现油压回落，再加油压又回落，这时有可能发生断丝，若这样，需更换预应力钢束，重新进行预应力张拉。

5）焊接时严禁利用预应力筋作为接地线，防止电焊烧伤预应力筋。

6）张拉前必须对张拉端钢绞线的锈蚀、混凝土浆进行清理。

（八）灌浆受阻

预应力筋张拉完成，在对波纹管灌浆时出现进浆量少或不进浆，出浆口不出浆现象。从而达不到预应力筋固结作用，造成梁体质量缺陷。

1.产生原因

1）波纹管封闭不严密，存在裂口、孔洞，浇筑混凝土时灰浆流入波纹管内造成堵塞。

2）波纹管接头封闭不严、不牢固，浇筑混凝土时灰浆流入波纹管内造成堵塞。

3）波纹管没有可靠固定，浇筑混凝土振捣时将接头拉断或破坏使灰浆流入波纹管内造成堵塞。

4）穿钢绞线时没有对波纹管进行清理，内含杂质造成管内堵塞。

2.预防措施

1）安装波纹管前对波纹管进行检查，发现开裂、孔洞等不得使用或处理后使用。

2）安装波纹管要牢靠，必要时焊接固定。

3）波纹管接头要封闭牢固。

4）波纹管安装完成后两端口要做封闭保护，防止杂物、灰浆进入管内。

5）后穿钢绞线前要对波纹管进行清理或采取内穿管保护措施。

（九）箱梁结构空间位置偏差过大

混凝土建筑完成后出现竖向标高超高或降低或扭曲现象，造成相邻两幅桥面出现错台、横向坡度偏差大、纵向弧度不符合设计要求。

1.产生原因

1）荷载——位移曲线控制不好。造成标高偏差过大。

2）预应力张拉过大或封锚后的预应力损失造成竖向变形过大。

2.预防措施

1）对下偏差过大者采用加大预应力的办法使得构件上调。加大预应力幅度应由设计或监测单位给出。

2）在下段构件中采用挂篮调整，偏差过大者宜采用2次以上调整，保证桥体曲线顺畅。

3）严格挂篮模板安装监测，根据预压时确定的荷载—位移变量值确定挂篮模板标高。

4）加强预应力张拉过程监督，控制好拉力—伸长值以及磨损系数。确实达到设计要求。

5）张拉后及时封锚、灌浆，避免出现夹片滑移，预应力滑丝而引起有效预应力的损失，产生重力变形。

本文论述为笔者粗浅的理解，如有不足之处还望指正。

参考文献

[1] 中交第一公路工程局有限公司 .JTG/TF 50—2011公路桥涵施工技术规范 [S]. 北京：人民交通出版社，2011.

[2] 中国建筑科学研究院 .GB 50666—2011混凝土结构工程施工规范 [S]. 北京：中国建筑工业出版社，2011.

[3] 北京市政建设集团有限责任公司，中国市政工程协会 .CJJ 1—2008城镇道路工程施工与质量验收规范 [S]. 北京：中国建筑工业出版社，2008.

[4] 中国建设监理协会 .GB/T 50319—2013建设工程监理规范 [S]. 北京：中国建筑工业出版社，2013.

监理会议纪要所涉及的相关法律问题探讨

樊江

太原理工大成工程有限公司

摘　要：针对日常工作中的监理资料，本文重点以监理会议纪要为例，根据现有法律相关证据条款，通过对监理会议纪要作为证据材料所涉及的3个常见法律问题进行分析，对监理方在运用法律武器维护自身权益方面具有积极意义。

关键词　监理　会议纪要　诉讼证据

在日常监理工作中，监理方经常会接触到通知单、联系单、会议纪要、总监日记等监理资料。在出现合同纠纷时，以上日常工作中看似"平常"的监理资料都可能成为纠纷中制胜的法宝。

监理会议纪要，顾名思义指工程参建各方开会后，由监理方根据会议内容整理形成的书面材料。民事诉讼法中规定，证据分为书证、物证、电子证据、当事人陈述、视听资料、证人证言、鉴定意见和勘验笔录8种证据。会议纪要自身具有多种存在形式，不同的存在形式可归类于以上不同的证据种类。监理会议纪要如果以书面材料的形式存在，则属于书证；如果以手机录音的格式存在，则属于电子证据；如果以总监日记的形式记录存在，则属于当事人陈述。不同的证据，证明力不一样，但前提是

应当具备证据能力。我国现行法中明确规定了非法证据排除规则。如果证据被认定为非法证据，则不具备证据能力。因此，在日常工作中，首先要让现有资料具备证据能力。

在民事诉讼中，未经法庭查证前的资料都称为证据材料。只有经过法定的质证程序才能将证据材料转换为法庭定案的依据，这个定案的依据也就是平时所说的"诉讼证据"。关于诉讼证据，在《民事诉讼法》中第六章有专门的证据章节，最高人民法院也专门出台了《最高人民法院关于民事诉讼证据的若干规定》，认真学习以上相关规定，能为监理人员规范日常工作中的诉讼证据提供依据。本文依据以上法律规定并结合监理工作实际，从证据的证明标准、证明力、证据能力、证明责任等角度作

一些探讨，以期规范监理会议纪要的法律证据问题。

一、监理例会中使用手机或者录音笔"偷录"会议内容是否合法？

有些人认为，未经对方许可和同意，擅自使用手机对会议内容进行录音，属于"偷录"，这种行为违背公序良俗和社会习惯。

参建各方的会议发言形成的资料，应该属于在一定范围内公开的工程资料，这些资料当然不属于个人隐私。民事诉讼法中，通常认为证据需要具备三种特性，分别是关联性、客观性、合法性。其中，证据的合法性，指的是证据要符合法定要求并按照法定程序搜集。

这里的合法，要求主体合法、形式合法、方法合法。平时会议录音，主体和形式是合法的，但录音方法是否合法？民事诉讼法解释第106条规定："对以严重侵害他人合法权益、违反法律禁止性规定或者严重违背公序良俗的方法形成或者获取的证据，不得作为认定案件事实的根据。"立法者采用了"严重"这一词语，包含着运用证据证明待证事实所保护的当事人民事权益与收集该证据所侵犯的他人合法权益的利益权衡。在公开场合比如会议室而不是个人居所等隐私空间所收集的会议录音，显然不属于"严重"侵犯他人合法权益的行为。因此，在会议中使用手机或者录音笔采取"偷录"的形式进行录音是完全合法的。

二、没经过各方签字的会议纪要是否有效？

监理在作监理例会纪要中，要如实反映会议内容，会议纪要中尽量不要使用概括、总结性的内容，尤其是不要添加自己的看法和评论。在刑事诉讼的证据规则中，有一条规则叫意见证据规则，指的是"证人的猜测性、评论性、推断性的证言，不得作为证据使用，但根据一般生活经验判断符合事实的除外。"这条规则指的是证人在作证

时，不得发表意见，不得以其感知、观察到的推断或者意见作为证言。考虑到民事证据和刑事证据的不同证明标准，民事证据虽然没有明确规定不得有评论、推断性的语言，但在作会议纪要时，要尽量做到真实还原会议内容，以免引起歧义。容易产生歧义的会议纪要内容，当然不会得到建设单位的认可和签字。

会议记录是真实、准确的，甚至内容都是参见各方的原话，这时其他参建各方也可能因为害怕承担责任而拒绝签字。此时，监理单位应通过总监日记如实记录拒签过程，通过会议录音完整还原会议内容。通过以上其他形式的"补强"能起到提高证明力的作用。这也是刑事诉讼法中所称的证据补强规则，即通过其他不同的独立证据来源证明同一待证事实。因此，建设方拒签的会议纪要，如果能提其他证据来补强拒签会议纪要的证明力，则拒签的会议纪要不一定当然无效。

三、建设单位保存会议纪要原件，监理单位保存复印件，但建设单位拒绝提供原件怎么办？

实际工作中，有的建设单位为了图省事要求只在一份会议纪要中签字，其

他的会议纪要都是复印件。双方出现合同纠纷时，有时建设单位甚至采取强制措施扣留所有监理资料。监理单位保存的往往是复印件，而复印件作为诉讼证据将被视为不具有证据能力。会议纪要的复印件，连证据能力都不具备，更谈不上证明力大小。

遇到建设单位单方面保存会议原件，或者建设单位扣留监理资料时，监理单位应该保留好音视频证据，并在总监日记上如实记录。在出现无法提供会议纪要原件时，可以通过总监日记、会议录音等资料来证明原件在建设单位处保存。只要能证明原件被建设单位保存，建设单位将因拒绝提供原件而承担不利的诉讼后果。民事诉讼法解释第一百一十二条规定："书证在对方当事人控制之下的，承担举证证明责任的当事人可以在举证期限届满前书面申请人民法院责令对方当事人提交。申请理由成立的，人民法院应当责令对方当事人提交，因提交书证所产生的费用，由申请人负担。对方当事人无正当理由拒不提交的，人民法院可以认定申请人所主张的书证内容为真实。"

会议纪要是监理方在面对合同纠纷时有力的制胜法宝。在日常工作中应该合理、合法地将会议资料转化成具有证据能力，符合证明标准的证据资料。

浅谈合同交底在项目管理中的必要性

闫爱平

中国城市建设研究院有限公司

摘 要： 本文浅要分析项目管理中合同交底的相关概念、合同交底的必要性、合同交底的内容及程序，从而提醒建设单位理解合同交底的必要性。

关键词 合同交底　合同分析　必要性

引言

近年来随着中国建筑业的迅速发展、中国招投标制度的建立以及建设过程中发生的争议和索赔增加，建设管理对合同的重视程度也提升到了一个前所未有的高度。然而合同交底又是合同管理的一个重要环节。但此前参建各方均对合同交底认识不够，同时缺乏合同管理人才，合同管理工作薄弱，技术管理人员对合同管理的意识也不强，常常导致合同执行过程中产生纠纷与违约现象，从而给合同的当事人造成经济损失。本文通过个人在项目管理中的体会谈谈合同交底的必要性。

一、合同交底的相关概念

（一）合同分析

合同分析是从合同执行的角度去分析、补充和解释合同的具体内容和要求，将合同目标和合同规定落实到合同实施的具体问题和时间上，用以指导具体工作，使合同能符合日常工程管理的需要，使工程按合同要求实施，为合同执行和控制确定依据。

1.合同分析的内容包括合同协议书、合同具体条款、工程范围、相关规范、施工图纸、工程量清单、施工组织设计等。需确定合同中规定的工程质量目标、进度目标、费用目标、合同各方的权利和义务，以及分析各种影响合同目标的法律风险。

2.通过合同的分析可以将合同的任务进行分解，与项目管理的组织结构进行对应，从而把相关的责任、义务和权利落实到项目管理单元的各项目负责人。制定合同事件表，对影响合同的事件表进行管理，从而有效地进行合同管理。

（二）合同交底

合同交底就是合同分析后，由参与合同起草、编制、谈判和签订的合同工程师组织合同执行人员（通常是工程项目的现场管理人员），学习合同的条款和合同的分析结果，对合同签订的主要内容及合同谈判的最终结果进行学习，了解合同各方的责任、权利和义务、合同的主要经济指标、合同存在的风险和合同执行中应注意的问题以及合同执行中各种行为的法律后果。

合同管理事件表　　　　　　　　　　　　　　　　附表

事件编码	事件名称	主要活动	责任人	费用分析	进度分析	参与人

二、合同交底在项目管理中的作用

（一）合同交底是项目部全体人员统一理解合同、规范全体成员工作的需要。合同是合同各方履行义务以及保护自身合法权益的依据，因此项目部的全体成员了解合同并对合同有一个统一的认识和理解是非常必要的，这样一来避免了因不了解合同在工作上带来失误，同时也可以使项目部的人员更好的配合，提高项目管理的效率。

（二）合同交底有利于发现合同中隐藏的问题和潜在的风险，利于做好事前控制的准备。

合同交底是合同工程师向全体成员介绍合同签订背景、合同关系、合同基本内容、合同要求等内容，合同交底的过程是一个合同分析、合同交底、合同学习、提出问题、合同再分析、再交底的过程。通过这个过程，项目部全体成员集思广益，发现并提出合同中的问题，比如合同中可能存在的风险、前后说法不一致的条款、模糊容易有歧义的条款。通过合同交底避免了在实际工作中遇到问题再处理而措手不及，甚至失去控制。同时也可以激发项目的全体成员完成防范风险的工作，对于不同的风险采取不同的防范措施，提高风险防范的意识，进而增加整个项目管理团队的团结力和合作精神。

（三）合同交底有利于提高项目部全体成员的合同意识，是合同管理真正落到实处的前提。合同管理工作包括合同管理组织建立、工作程序、工作制度等内容，其中合同文档管理、合同跟踪管理、合同变更管理、合同争议处理都是动态管理的过程，需要项目部的全体成员参与实施。每个人的工作都与合同管理密切相关，因此项目部的全体成员都需要有较强的合同管理意识，在工作中自觉地遵守合同管理的程序和制度，并采取有效的方法减少工作中的失误，可见合同交底对于合同实施的必要性。

三、合同交底的内容及程序

（一）合同交底的内容包括：合同中规定各方的工作范围和界限；合同关系及合同各方的责任、义务和权利；合同的质量目标；合同总进度控制目标及阶段控制目标；费用控制目标以及合同价款支付、调整的相关内容；合同中规定的独立发包工程、专业分包工程采购方式及程序；合同中争议的处理方式；合同双方的违约责任；合同中潜在的风险以及风险的事前控制措施；合同分析后项目部每个成员的责任、权利和义务。

（二）项目管理中的合同交底有两个层面：第一，由参与合同起草、签订、谈判的合同工程师对项目管理成员的合同交底，把合同交底的内容向项目部的全体成员交底，把合同中的责任、权利和义务依据管理岗位分解到每个专业工程师，并解答、讨论各专业工程师提出的问题，同时形成书面的交底记录。第二，由参与合同起草、签订、谈判的合同工程师对业主参与项目管理的全体成员进行合同交底，陈述交底的内容并将合同中具体条款与执行人员的责任、权利、义务以及行为后果相对应，解答执行人员的问题并形成书面的交底记录。最终把两份交底记录反馈汇总，形成合同管理文件下发给执行人，指导其在项目管理中的活动。

结语

合同交底是项目有效、有序管理的前提及保证。合同管理和项目部的全体成员都息息相关，全体成员都需要有很强的合同管理意识。

参考文献

[1] 梁朝旻 . 浅谈工程管理中的合同交底 [J]. 水利水电造价，2010（1）.

[2] 乌云娜 . 项目采购与合同管理 [M]. 北京：电子工业出版社，2010.

强风化泥质砂岩地质条件下地铁车站深基坑施工技术

蔡晓明

上海天佑工程咨询有限公司

摘　要：地铁车站深基坑多采用明挖法施工。明挖法造价低、施工进度快、工艺相对简单、操作方便，是目前国内地铁工程中运用最多、最成熟的工艺，是车站施工首选方法。本文对强风化泥质砂岩地质条件下组织地铁车站深基坑的围护桩和冠梁及钢支撑施工、土方开挖及引排基岩裂隙水作了施工技术介绍，提出了深基坑施工过程中的施工技术要点和管理措施，对于类似地质条件下深基坑工程施工具有重要参考价值。

关键词　深基坑施工技术　基坑围护　土方开挖　施工管理

引言

随着中国的城市化进程加快，城市人口的增加给城市公共交通带来的压力日渐明显。城市化的发展要摆脱交通压力的束缚，因而地下轨道交通就成为缓解城市交通压力的新渠道。目前国内大、中城市大力发展地铁交通。地铁线路一般由地下车站和区间隧道组成，地下车站施工大多采用开挖深基坑后进行结构施工。本文以地铁深基坑车站施工为例，较系统地阐述了在强风化泥质砂岩地质条件下进行地铁车站建设的施工技术。

一、地铁车站施工主要特点

（一）工程风险大

地下车站土建工程属于深基坑工程，往往要面临施工场地小、周边环境敏感

等诸多难点。基坑施工技术复杂，施工周期长，尤其是受周边环境影响大，主要包括地质水文环境、地下管线环境、周边建（构）筑物环境等，从而导致施工风险很高，需要特别注意风险管理。

（二）沉降控制严

地下车站在建造时，基坑大部分是在城市主干道或既有建（构）筑物周边修建，为了确保基坑施工期间地面不发生过量沉降或坍塌，保护周边环境安全，对于基坑施工期间沉降控制要求十分严格，需要精心筹划组织施工，采取有针对性的沉降位移变形控制措施。

（三）防水要求高

地下车站结构防水涉及工程使用寿命及运营安全，一旦在运营期间发生渗漏，后果十分严重，会降低结构的使用寿命。因此，必须加强地下车站结构防水施工管理，严把材料质量关、施工工

艺关、检查验收关，才能确保地下结构防水质量。

（四）协调内容多

地铁工程由土建、设备、轨道、车辆、供电、通信等诸多子系统构成，车站土建工程作为地铁综合性系统工程中的子系统之一，不可避免会遇到诸多接口，而接口越多，协调难度越大。因此，需要对接口进行缜密策划，尽可能减少接口矛盾，才能确保工程顺利进行。

二、深基坑施工技术

（一）基坑围护支撑体系

1. 围护桩

地铁深基坑支护方式包括地下连续墙＋支撑、围护桩＋支撑、土钉＋喷射混凝土等支护形式，受场地限制一般采用围护桩＋内支撑的支护体系，根据地

质条件、地下水位分布情况、土体侧压力等确定围护桩类型、桩径及间距。围护桩施工一般采用冲击钻、旋挖钻、全套管回转钻、泥浆护壁钻孔灌注桩等施工工艺。冲击钻对地质条件比较苛刻，在砂卵石、软土地层中成孔难度较大，且噪声大、污染环境，较难在市区施工中推广；旋挖钻主要适合砂卵石、软土地层中成孔，成孔速度快、精度高；全套管回转钻成孔速度快、精度高、污染轻，适用于多种地层，在围护桩施工中应用较广；泥浆护壁钻孔灌注桩适于地下水位较高且适宜布设泥浆池的施工场地，采用正、反循环钻机钻进，原土造浆护壁成孔，连续钻进至设计高程后进行第一次清孔，撤除钻杆，在孔口分节下放钢筋笼和钢格构柱及注浆管，下钢导管后利用导管进行二次清孔。泥浆指标和孔底沉渣厚度检测符合设计及规范要求后，安放隔水橡胶球胆并立即采用商品混凝土进行水下混凝土灌注。混凝土灌注高度至设计标高 0.5m 以上。

2. 冠梁混凝土支撑

为保证深基坑土方开挖施工安全，基坑第一道内支撑采用钢筋混凝土支撑，横向中间设置格构柱竖向加以支撑，纵向各混凝土支撑采用混凝土联系梁连接，然后混凝土支撑及围护桩桩头锚入冠梁内，保证了支撑体系和基坑围护体系连成一个整体受力结构，在基坑土方开挖过程中，第一道混凝土支撑既能轴向受压又能轴向受拉。

钻孔灌注桩施工完成后，进行冠梁处和第一道混凝土支撑位置土方开挖施工。土方开挖采用挖掘机将土方装车外运，开挖至设计冠梁底和混凝土支撑底标高后进行冠梁及混凝土支撑施工，然后进行挡墙施工，冠梁以上土方开挖采用自然放坡形式。待挡墙施工完毕后对挡墙背后进行回填并夯实。冠梁施工前需将钻孔桩桩头凿除、清洗，调直桩顶钢筋，冠梁主筋应与桩顶锚固筋焊接，以保证围护结构的整体性。

3. 钢支撑

深基坑除第一道钢筋混凝土支撑外，下部几道钢管内支撑体系也是保证深基坑稳定的关键因素，根据土体侧压力值确定钢管直径、管壁厚度等参数。角部支撑由于受力复杂是内支撑体系控制的关键环节，为防止角部支撑滑动应安装防滑装置设置（见图1）。在基坑开挖过程中充分利用"时空效应"，钢支撑的安装和预应力的施加应控制在 12h 以内。施工中应做到随挖随撑，防止开挖深度与钢支撑架设不匹配造成基坑监测值变化异常，影响基坑稳定。钢管支撑采用 ϕ609 钢管。钢支撑施工配合土方施工展开。钢管支撑在基坑旁提前拼装，开挖到钢管支撑标高时，安装三角托架，架设钢围檩。钢围檩与钻孔灌注桩之间预留约 30mm 的水平通长空隙，其间用细石混凝土嵌填，及时用履带汽车吊吊装安设钢围檩与钢管横撑，通过液压千斤顶对钢管支撑活动端端部施加预应力，并及时进行基坑监测点初始值采集。

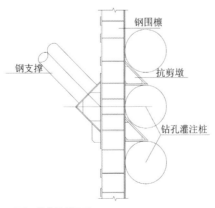

图1 抗剪墩设置图

（二）基坑土方开挖

1. 基坑开挖原则

明挖法即采用放坡开挖或施加围护墙后开挖基坑，先从地面向下开挖基坑至设计标高，然后在基坑内按照设计位置由下而上完成车站结构，最后回填土并恢复地面道路。

基坑开挖按照"分层分段开挖，随挖随撑，开挖与支撑结合"的原则，采取竖向分层、纵向分段的措施开挖，及时支撑，减少围岩土体暴露区域和时间。基坑开挖中设置集水槽，集水槽随开挖深度加深而加深，基坑中积水要及时抽出，保证土方开挖无水作业。

2. 基坑开挖部署

土方开挖采用竖向分层、纵向分段拉槽、横向扩边的原则，每一层每一段土方施工中，在横断面跨中开中槽，由车站两端开始沿纵向挖掘；由中槽向两侧开挖面进行开挖作业。中槽的大小首先要满足挖掘机回转弃土的要求，同时要尽可能多地保留两侧土体，以支撑围护结构，减小对周边环境的扰动，并满足钢支撑施作要求。中槽开挖后架设钢支撑，然后横向扩边拓展，挖至钻孔桩附近时人工配合，以免机械开挖破坏围护桩。当放坡开挖至坡脚线附近运输车辆无法进入时，将采取多台挖机接力倒运开挖；局部位置无条件作业的，可采用长臂挖机配合人工进行土方开挖或者使用坑内挖机将土方装运至提升料斗内，再用汽车吊机将其吊出。

（三）桩间网喷支护

桩间喷射混凝土支护施工随土方的开挖分步进行，采用自上而下、随挖随喷。混凝土搅拌采用强制式搅拌机。每层施工高度控制在 3m 左右，桩间土体清理干净后，将膨胀螺栓锚入钻孔灌注桩，保证有效锚固长度，然后在灌注桩外侧挂接钢筋网片，采用水平钢筋与钢筋网片绑扎，锚栓头加钢板压住钢筋固定在桩上的形式加固。

（四）引排基岩裂隙水

强风化泥质砂岩为砂质结构，节理裂隙发育，岩石破碎，岩芯多呈块状、短柱状，具有遇水软化的特性。饱和状态时在受到地震和其他动载荷作用时易发生液化。基岩裂隙水是贮存于岩层裂隙中的地下水。由于岩石裂隙成因不同，致使岩石的裂隙率大小、裂隙的张开程度和连通情况常存在很大差异，因此裂隙水的分布一般很不均匀。裂隙水的运动受裂隙展布方向及其连通路径的制约，并受补给条件的影响，所以裂隙水在不同部位的富水程度相差很大。与孔隙水相比，裂隙水表现出强烈的不均匀性和各向异性。

1. 裂隙水的分布特征。由于裂缝在岩层中发育不均匀，从而导致储存其间的水分布不均匀。裂缝发育的地方透水性强，含水量多；反之，透水性弱，含水量也少。在松散岩层中，孔隙分布连续均匀，构成有统一水力联系、水量分布均匀的层状孔隙含水层。而对于坚硬基岩，一方面因裂隙率比孔隙率小，加之裂隙发育不均匀且具方向性，故裂隙水的分布形式既有层状，也有脉状。在裂缝发育密集均匀且开启性和连通性较好的情况下，裂隙水呈层状分布，并且具有良好的水力联系和统一的地下水面，称层状裂缝水。若裂缝发育不均匀，连通条件较差时，通常只在岩层中某些局部范围内连通而构成若干个互不联系或联系较差的脉状含水系统，各系统之间水力联系很差，往往又无统一的地下水位，则称为脉状裂缝水。同时，裂隙水的分布和富集受地质构造条件控制明显。

2. 裂隙水的运动特征。裂隙水运动状况复杂，在流动过程中水力联系呈明显的各向异性，往往顺着某个方向，裂缝发育程度好，沿此方向的导水性就强，而沿另一方向的裂缝基本不发育，导水性就弱。同时，裂缝的形状对裂隙水运动也具有明显的控制作用。裂隙水的运动速度一般不大，通常呈层流状态，但在一些宽大的裂缝中，在一定的水力梯度下，裂缝水流也可呈紊流状态。

3. 基岩裂隙水主要赋存于岩石强、中等风化带中，因此在桩间喷锚支护过程中需钻孔灌注，桩间喷射混凝土面层应设置导引排水管（见图2），导引排水管采用梅花形布置，以排干喷射混凝土面层后的滞水。基坑开挖到底后，在基底设置排水沟、集水井，及时抽排基底积水。浇筑混凝土垫层后进行防水施工，防水卷材铺设施工时应保证基面无积水现象。横向盲沟每一分仓设置一条与围护桩边的盲沟相连，导引排水管的水通过连接软式透明塑料管引排到盲沟内。

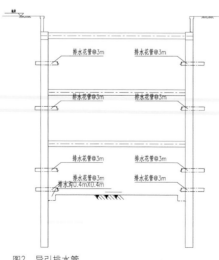

图2 导引排水管

三、深基坑工程施工要点

针对强风化泥质砂岩中深基坑变形情况的分析研究，综合现场施工情况，总结如下施工要点需引起重视。

（一）深基坑土方开挖施工要点

1. 土方开挖过程必须严格按照技术方案设定的顺序分段、分层开挖，严格做到开挖一层、支护一层，上层未支护完，不得开挖下一层，并且禁止在雨雪等强对流恶劣天气施工。

2. 根据钢支撑位置确定基坑竖向分层开挖，每层开挖至钢支撑下50cm。开挖完成及时安装钢支撑，按设计要求预加轴力后方可继续开挖；开挖至设计基底标高以上20cm左右时进行人工清底，以控制好基底标高，防止土层扰动。

3. 土方开挖前必须先放边坡线，土方开挖中必须随开挖进度放出开挖边线，以便及时控制开挖深度及边线，避免超挖或开挖不足。

4. 坑底人工的清土，基坑边角部位和桩边机械开挖不到之处的土方应配备足够的人工及时清运至挖机作业半径范围内，通过挖机将土方挖走，避免误工。

5. 基坑开挖时必须特别小心，避免挖机挖斗碰撞基桩、格构柱。

（二）深基坑开挖过程中的"时空效应"

"时空效应"理论，是遵循"分段、分层、分块挖土，先中间后两边，随挖随撑，限时完成"的原则，是针对软土地层具有的流变特性，利用土体在基坑开挖过程中位移的变化规律，提出的一种控制措施，是对基坑开挖作动态管理，并做到信息化施工，确保基坑变形在设计允许范围之内。具体地说，是按施工全过程进行分解控制，在空间上规定尺寸大小，在时间上确定完成时限，按量化的空间和时间结合有序的操作实施科学施工，对各道工序施工注意事项要仔细考虑并安排落实。

（三）深基坑钢管支撑的质量控制

地铁深基坑的围护结构一般由围护桩、钢围檩和钢管支撑组成。围护桩的支护体系视其开挖深度而定，一般4m左右设一道支撑，以构成一个空间受力体系来支撑基坑主动区土压力和其他附加荷载，达到安全施工的目的。因此围护结构支撑的质量控制十分关键，支撑一般常采用φ609钢管（壁厚16mm）。质量控制包含两个方面的内容，即支撑本身的质量和支撑施工安装质量。

1. 钢管支撑质量控制：应从材质、直径、壁厚等以及强焊接、顺直度、螺栓连接强度、活络头刚度等是否符合有关要求，进行认真检查核实。

2. 支撑安装质量控制：钢管支撑为轴心受力结构，安装时必须直顺无弯曲，接头必须紧密牢固，与围檩接触处除有足够强度与刚度外，还需与围檩密贴，若有间隙需用添加速凝剂的细石混凝土填实。当有角撑时，围檩与围护桩的连接处，除设专门的斜支座确保支撑轴心受力外，在围檩与围护桩间还应考虑剪力传递的措施。支撑与格构柱的连接必须严格按设计施工，必须充分考虑到基坑回弹的因素。对油泵要经常校验，使之工作正常、数据准确。并且每根支撑施加预应力值均要记录备查，如钢支撑的支撑轴力达不到设计要求或因扰曲过大，使支撑失稳失去抗力，会产生围护结构破坏及基坑坍塌等严重后果。

3. 钢支撑施加预应力和预应力的复加。

1）钢支撑安装后立即按设计值在支撑一头或二端施加第一次预应力，并检查接头，拧紧螺栓。

2）一般在第一次施加预应力后12h内监测预应力损失及围护结构水平位移情况，并复加预应力至设计值；当昼夜温差过大导致支撑预应力损失时，立即在当天低温时复加预应力至设计值。

3）当基坑变形的速率超过控制范围接近警戒值，而支撑轴力未达到自身的规定值时，可增大支撑轴力来控制变形。

4）当围护结构变形过大，采用被动区注浆控制围护结构位移时，应在注浆后1～2h内对在注浆范围的支撑复加预应力至设计值，以减少围护结构外移所造成的应力损失。

5）当支撑的轴力接近或超过设计值时，通过增设支撑来分解轴力，提高抗变形能力，阻止基坑变形进一步增大。

（四）深基坑开挖纵向入坡的坡度控制

地铁深基坑开挖时，地下水位和围护结构强度均已达设计要求。除严格遵循"时空效应"，坚持分层开挖、先撑后挖、快挖快撑，减少无支撑暴露时间的原则外，还特别要注意：

1. 边坡设计应根据地质条件、土质特性、施工作业周边环境，经过稳定抗滑验算，确定安全坡度，使纵向放坡坡度要小于安全坡度；一般地下水位较低或降水效果较好的基坑分层坡度宜控制在1:1.5左右，从坑底到坑顶的总坡度一般控制在1:3左右。

2. 上、下道支撑之间层坡不宜过缓，也不宜过陡。前者造成近坡脚处无支撑暴露面积过大，时间一长，围护桩变形就大；后者若遇雨天或土体的含水量偏大，坑内排水不好，则极易产生塌方

滑坡。

3. 基坑分块开挖完成后，即进行修坡，使基坑纵坡始终保持在安全坡度状态下，确保基坑安全。

（五）做好深基坑内排水工作

深基坑开挖面的排水沟和集水井要及时设置，严防基底积水浸泡，降低地基承载力，降低土体自身抗变形能力。不应在开挖面或坡顶设横向截水沟，这样容易诱发滑坡；应在开挖面设纵向排水沟和集水井，纵向排水沟应设在中间或三分线上，不宜设在紧靠围护桩边。积水应及时排除，以防止冲刷和软化坡体，导致滑坡发生边坡失稳事故。另基坑开挖过程中应及时封堵围护桩桩间的渗漏点。

（六）合理确定结构施工段长度，减少基坑暴露时间

结构段的长度必须根据基坑深度和坡度合理确定，一般为20～30m，当基坑分段挖至距设计标高20cm左右时，必须立即安排人工进行清底，如有接地网应在24h内迅速施作完毕，并立即浇筑混凝土垫层，以减少基坑变形值。底板混凝土必须尽快完成，相应结构层施工及时跟进，以建立永久的受力平衡体系，从根本上控制住基坑变形。

（七）基坑周边严禁堆放、增加荷载

受施工场地条件限制，大型施工机械设备，如挖掘机、吊机等，以及施工材料就近堆放在基坑边，这些都将导致围护结构的变形大大增加，甚至使基坑围护失稳。

受土方禁运和场地布设影响，将土方临时堆放在基坑开挖面周边是较常见的现象，由此引发的基坑滑坡时有发生。特殊情况下确实需要临时堆放，必须通过计算确定土方堆放的位置及方量。

（八）加强对基坑开挖施工全过程的监控

深基坑远程监控是在传统监测基础上通过网络传输的一种直观反映基坑变形情况的监测手段，是信息化施工常用的一种方法，施工监测在确保深基坑开挖安全上起着十分重要的作用。监测的主要内容有支撑轴力、围护结构的位移及沉降变形、地表沉降、管线的位移及沉降、周边构建物的位移及沉降、基坑隆起、地下水位变化等。在基坑开挖施工中，及时准确地监测这些内容，当一些监控数据接近或超过警戒值时，能及时准确地发现施工过程中存在的问题，从而及时准确地调整施工步骤，并采取相应对策，以达到有效控制基坑变形、确保基坑安全的目的。

四、深基坑工程施工管理

（一）针对基坑最宽、最深位置采取的管理措施

基坑开挖过程中以及在雨雪等强对流恶劣气象条件下，需对监测点位加大监测频率，建立分级预警制度，若基坑开挖过程中监测数据异常，应及时预警并启动应急响应机制，分析原因，采取措施，原因未分析清楚，处理措施未实施完成前，不得擅自进行下步施工。

为保证钢支撑架设后轴心受力，避免支撑过长、挠度过大，需在格构柱上和喷射混凝土面上统一放出每道钢支撑的轴心标高，并按此标高架设钢支撑，架设过程中调整每节钢支撑的直线度，保证每节钢支撑的轴心在同一轴线上。同一根钢支撑两端不能面接触钢围檩，受力面积减小。为保证钢支撑两端面接触，减少局部集中荷载，考虑在每道钢

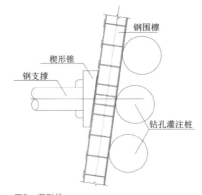

图3 楔形锥

支撑位置增设楔形锥（见图3），保证钢支撑两端面接触楔形锥，通过楔形锥将支撑轴力传到钢围檩上受力，中间钢管与钢联系梁加焊型钢抱箍（见图4）。

（二）针对支撑道数及格构柱多采取的管理措施

为保证支撑架设的效率和质量，在架设基坑下部钢支撑时首先将每节支撑在基坑内拼装好后，再采用两台挖机在基坑内配合两台吊车架设支撑，两台挖机主要在基坑内对正在架设的支撑进行微调，保证上下两道支撑在同一垂直面上。

由于格构柱多，基坑开挖过程中为防止拉土车碰撞格构柱，宜在每根格构柱竖向每60cm处粘贴反光条对挖机司机进行警示。

（三）针对换乘线路多采取的管理措施

如车站换乘线路多，预留的洞口相应的增加，而相应连接换乘线洞口预留接驳器就增多，为保证接驳器后期开凿后的机械连接质量，可在每个接驳器内填塞柔性材料进行丝扣的保护和填充。

换乘线路截面一般会扩大形成阴阳角部位，此部位正是结构受力的薄弱环节，因此宜在阴阳角位置加大斜撑抗剪墩的安装，并在每道斜撑安装轴力计用

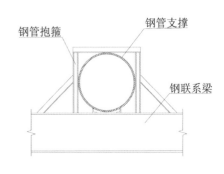

图4 钢管抱箍

于监测轴力变化，若轴力变化大立即加密钢斜撑。

结语

地铁车站深基坑工程施工难度大，基坑采取何种支护形式，如何进行现场施工管控，加强设计优化进行技术改进，对基坑安全控制管理极为重要。施工过程中针对强风化泥质砂岩地质条件下地铁车站深基坑的特点采取的管控措施和技术控制要点以及技术优化，对同类型深基坑工程提供了宝贵的施工经验。

参考文献

[1] 马海贤 . 地铁深基坑开挖施工技术 [J]. 安徽建筑，2013(6).

[2] 蔡鹭锋 . 深基坑土方开挖施工技术 [J]. 科技致富向导，2011(30).

[3] 卢立萍 . 建筑工程中深基坑施工管理初探 [J]. 中国新技术新产品，2009(14).

[4] 场地不足条件下的地铁施工管理之探讨 [J]. 市政技术，2011(4).

[5] 韩会山 . 地下工程基坑开挖施工过程管理 [J]. 经管空间，2012(12).

[6] 廖红建，党发宁 . 工程地质与土力学 [M]. 武汉：武汉大学出版社，2014.

[7] 蔡晓明 . 深基坑工程施工过程中的监测管理 [J]. 中国建设监理与咨询 2017(3)：56—60.

地铁运营期土建结构维保成本控制探讨

季　响　　中国国际工程咨询有限公司

赵钦旺　　中工武大诚信工程顾问（湖北）有限公司

陈　秋　　武汉地铁桥隧管理有限公司

摘　要： 随着城市轨道交通逐渐成网，运营线路土建结构维保的工作量持续增加，对维保管理提出了新的更高要求。地铁运营期土建结构维保成本是整个运营系统维护成本的重要组成部分，文章从武汉地铁运营期土建结构管理单位建设期维保管理、质保金管理、土建结构维保模式、土建结构病害处理等方面，对控制运营期土建结构维护成本的方法进行探讨，以期对运营期土建结构长期维护费用进行有效控制。

关键词　土建结构维保　成本控制　管片加固　三维扫描

一、概述

地铁运营维护是伴随工程生命周期的一个漫长阶段，在维保管理相关标准、规范和管理办法方面，交通运输部根据多年运营经验，编制出台一系列成熟的管理框架体系及相应的规范、标准，但关于运营期地铁维保管理的相关办法，全国尚属起步阶段，维保成本很难得到控制。

根据目前的运营线路结构病害普查统计，城市地铁桥梁已逐步出现了墩身掉块漏筋、支座劣化和伸缩缝老化失效等病害，隧道和地下车站结构也出现了渗漏水、裂纹、掉块漏筋病害，且运营时间较长线路的出入口钢结构、高架站钢结构雨棚、车辆段钢结构车库及高架桥梁等均存在一定的结构安全隐患。为此，成立了桥隧管理部门，主要负责轨道交通及建筑工程（地上建筑和地下工程）土建结构全寿命周期的维保、安全监测等工作，以及运营线路的土建工程的应急处置工作。以下从建设期维保管理、质保金管理、土建结构维保方式、土建结构病害处理等方面，对维保成本控制进行探讨。

二、工程建设期土建结构管理

建设工程承包合同增加缺陷责任期内常见病害维修条款，明确缺陷责任期内原承包方未履行维修义务时的责任以及病害维修的技术要求（见下表）。同时，地铁开通运营前，维保单位提前介入，安排有经验的维保人员参与到建设期的各个环节，把土建设施使用后可能出现的主要问题全面地反馈出来。目前，城市地铁建设期间维保单位全程参与，将已运营地铁线路中土建结构出现的常见病害与新线的建设过程相结合，有效地减少了后期的维保费用投入。

三、缺陷责任期内质保金管理

土建设施施工承包商应承担缺陷责任期（不多于2年）内相应保修义务，期间施工方需要及时处理相关的缺陷责任病害。但在实际操作过程中，由于运营线路维修时间的限制、水文地质条件变化及非原承包单位责任等原因，土建结构病害并不能在理想的期限内解决，维保单位可从以下几个方面考虑处理此问题。

（一）施工承包合同中需明确缺陷责任期内常见病害治理的单价及执行方式，作为质保金扣除的依据。

（二）建立缺陷责任期内土建结构病害维保处置小组。地铁线路运营后，原

土建结构常见病害及处理技术要求　　表

项目名称		技术要求
隧道	渗漏处理（壁后填充注浆）	单液浆：1.注浆前应查明待注区域衬砌外回填土的现状；2.应根据隧道外部土体的性质选择注浆材料（水泥浆）；3.水胶比（W/C）宜为0.6~1.0
		双液浆：1.注浆前应查明待注区域衬砌外回填土的现状；2.应根据隧道外部土体的性质选择注浆材料（水泥–水玻璃双液浆）；3.水泥浆水胶比（W/C）宜为0.6~1.0，水泥浆与水玻璃溶液的体积比可在1：0.1~1：1
	渗漏治理（螺栓孔、手孔）	1.密封圈已失效的螺孔，应重新安装或更换符合设计要求的螺孔密封圈，并应紧固螺栓。螺孔密封圈的性能应符合现行国家标准《地下工程防水技术规范》GB 50108—2008的规定；2.螺孔内渗水时，宜钻孔至螺孔注入聚氨酯灌浆材料止水，并密封紧固螺栓
	变形缝处理	1.拆除不锈钢接水槽，清缝，后注浆，完成后进行基层和饰面等恢复工作；2.沿缝两侧交错布孔、埋管，并用早强水泥封管，要求重复注浆至充填管口饱满。拆管后修整变形缝两外侧面至平整；3.在变形缝内两侧面涂刷EAA环氧界面剂，压入遇水膨胀止水条并嵌入单组份聚氨酯嵌缝膏封缝；4.在变形缝两个外侧面涂刷界面剂，压防水橡胶垫，安装不锈钢接水槽
	管片及二衬结构裂缝处理	用刚性环氧树脂注浆封闭裂纹
	道床及轨枕离缝、脱空	1.沿道床开槽，布灌浆孔；2.用EAA环氧材料涂刷于槽口，要求涂刷均匀；3.采用早强水泥进行封孔嵌缝埋管；4.对注浆孔进行化学灌浆，严控面层的上抬；5.待凝后进行饰面修复
	拱腰以下部位管片及二衬掉块修复	1.对掉块、露筋、空洞处进行局部清理（对压溃、失强混凝土、有脱落隐患处等进行人工凿除处理，然后清理），把疏松的混凝土全部剔除，直至密实结构混凝土，并将表面清理干净；2.对凿开的新混凝土表面涂刷一层环氧树脂砂浆，确保新旧混凝土的粘接；3.用环氧砂浆（环氧树脂：细砂：水泥=1：2：1，加适量水）进行逐层修补，修补后进行抹平，破损深度及面积较大时或施工环境达不到初凝指标时可设置钢模板防护，待下个班点拆除模板；4.为防止二次掉块至钢轨附近，仅修补拱腰以下
	拱腰以上部位管片及二衬掉块修复	1.对掉块、露筋、空洞处进行局部清理（对压溃、失强混凝土、有脱落隐患的裂块处等进行人工凿除处理然后清理）；2.对已疏松的混凝土全部剔除，直至密实结构混凝土，并将表面清理干净；3.有漏筋的地方需对钢筋除锈后涂刷环氧富锌涂料防锈；4.不处理，只敲掉有掉落趋势的裂块，露筋的地方作除锈防锈处理
车站	混凝土结构修复（蜂窝麻面、漏筋、结构背后空洞）	1.小蜂窝用清水冲洗干净，用1：2水泥砂浆修补；大蜂窝先将松动的石子和突出颗粒剔除，并剔成喇叭口，然后用清水冲洗干净，再用高一等级膨胀细石混凝土捣实，养护；2.麻面部位用清水刷洗，充分湿润后用水泥浆或者水泥砂浆抹平；3.外露钢筋上的混凝土和铁锈清洗干净，再用1：2水泥砂浆抹平；漏筋较深处应将薄弱混凝土剔除，清理干净，用高一等级的膨胀细石混凝土捣实，养护；4.应根据结构外部土体的性质选择注浆材料（水泥浆）；水胶比（W/C）宜为0.6~1.0
	渗漏处理（表面封堵）	裂缝渗漏：钻注浆孔→凿U形槽→清理基面→冲洗注浆孔→嵌入注浆管→堵漏粉封面→注浆→封闭注浆管→基面恢复
桥梁	桥梁、墩台结构蜂窝、麻面	凿除表面松散混凝土，采用环氧树脂小石子混凝土或膨胀水泥混凝土等材料采用灌注、挤压、涂抹等方法修复
	桥梁、墩台结构混凝土老化、剥落	采用环氧树脂小石子混凝土恢复或增加混凝土保护层
	桥梁、墩台结构漏筋	1.对梁板及盖梁、墩台露筋区域进行除锈，对混凝土破损区域采用环氧砂浆进行修补；2.对外露钢筋应进行除锈处理，先用砂纸或砂轮对钢筋表面进行打磨，直至露出金属本色，然后对露出钢筋用丙酮清洗，进行二次除锈，并用结构修补剂对表面破损处进行修补，使之达到设计要求的保护层厚度
	支座维保（脱空）	支座局部脱空采用增设钢垫板的方式处理
	支座更换	1.检查座板下混凝土垫层平整；2.对桥梁按基础、墩台、主梁、桥面系和附属工程逐一进行全面检查，并做好记录和拍照；3.对基础、墩台、主梁存在的病害应先进行处治；4.事先对各桥孔的纵向连接予以解除，进行支座更换施工；5.支座更换，采用一联单墩整体同步顶升的方式顶起桥梁，待梁体离开桥梁板式橡胶支座上钢板10mm时，将原支座取出，重新安装新桥梁板式橡胶支座，最后落梁就位

施工人员随之解散，维保单位要积极同原建设管理部门沟通，牵头成立缺陷责任期内缺陷处理小组，商定联络机制、处理方式、不同等级风险的处理时限等，确保土建结构病害得到及时处理。

（三）建立质保期内土建结构病害库，明确土建结构病害的归属。在缺陷责任期内，维保单位对病害的实际处理方及归属要清晰记录，特别是维保单位自身处理的缺陷，因其产生的费用需要承包商承担，及时的记录是扣除相应质保金的证明。同时，定期将土建结构病害书面告知各方，以便对责任进行归属，避免产生纠纷。

（四）与建设管理部门配合，完善质保金退还程序，对缺陷责任期内未完成的病害处理进行预算控制，并在原土建承包合同内明确。

四、土建结构维保方式选择

地铁土建结构维保工作既是劳动密集型行业，也是经验密集型行业。地铁运营后，维保单位对土建结构的维保模式应根据结构的健康状况、维保工作的人员和技术要求、质保期限等因素综合考虑。

（一）在经过评估后结构健康状况好的情况下，按缺陷责任期限分两个阶段组织维保工作。责任期阶段，期间内的巡检和维修任务由运营管理单位承担，病害处理由原施工单位承担；超过缺陷期阶段，每间隔3年对土建结构进行健康状况评估，根据评估结果，将这些病害委外集中处理，此种间隙与集中整治的维保方式，避免了维保单位人工成本过高和长期委外的费用开支，可以有效保障土建结构的健康状况良好。

（二）经过评估后，结构健康状况差时，应在缺陷期结束前尽快对病害进行治理，这对缺陷期后土建结构病害的处置费用降低是有利的。

（三）委外维保时，应慎重考虑合同的履行方式，是总价包干还是工程量清单计价形式。如某市地铁土建结构委外维保从 2018 年初开始，采用维保基地建设及巡检总价包干、病害维修按工程量清单计价的方式开展，在实际中得到了成功应用，使维保费用控制在 20 万元 / 千米 / 年。

五、土建结构沉降病害维保成本控制

由于受区域地质及环境影响，城市运营期地铁隧道可能会面临土建结构沉降的问题，根据建设期及维保过程中总结的沉降治理经验，隧道结构的渗漏与沉降之间有很大关系。

（一）土建结构不均匀沉降直接导致区间隧道管片、土建结构缝错台、离缝，降低了结构防水效果，同时出现渗漏水增多的现象，严重的会导致道床脱空，地面下沉并危及行车安全。因此当不均匀沉降的速率累计值达到限值时，应及时启动处置方案，否则因沉降引起的次生病害（漏水、道床脱空、管片开裂）使处置费用无限增加。

（二）沉降与漏水的处理应及时发现并处置。在常规的维保工作中，维保单位通过人工巡查、监测掌握隧道的实时状态，工作效率低，沉降病害不易被及时发现。如城市地铁全面推广自动化三维扫描技术，较大地提高了监测效率，减少了人工巡查频率，维保单位可以及时发现问题并进行处置。通过三维扫描技术的使用，监测成本由原人工监测的 10 万元 / 千米 / 年，降低为 3 万元 / 千米 / 年。

六、盾构隧道管片加固成本控制

因地质及外界原因，造成的地铁隧道收敛变形是不可逆的，收敛变形严重的管片加固方式主要采用钢环加固与地面微扰动注浆结合，包括钢环拼装、钢环锚固、钢环填充、表面防腐 4 个主要工序，但因设计标准不同，各工序的工艺和造价差别较大。为此，某市地铁目前主要进行了以下优化，以降低加固成本。

（一）开展管片−钢环加载破坏模拟实验，分析其受力性能，研究和制定符合本地区的隧道加固标准。

（二）考虑到机械臂拼装占用施工资源过多，拼装效率低下，较长的施工周期不利于尽快控制隧道变形，进一步深化钢内衬加固设计，在保证加固效果的前提下，通过优化钢环分块，提高焊缝等级等措施，减轻每个分块重量，探索人工拼装或人工、机械臂结合的方式（如侧板采用人工拼装，顶板采用机械臂拼装），以提高施工效率，降低施工成本。

（三）进一步展开锚固效果计算分析，优化锚固方式、锚固深度和锚固数量设计，最大限度保护现有管片，同时兼顾工程安全性和经济性需求。

（四）开展环氧树脂耐久性试验，明确耐久性技术需求，或采用甲控等方式严格控制该关键材料质量。

（五）引入市场竞争，避免一家垄断钢环加固市场，在发现隧道变形前，主动进行招标控制，避免应急抢修时被动的接受承包方的报价，将隧道管片加固成本控制在市场合理范围之内。

通过以上方案优化，某市地铁隧道钢环加固的费用由原方案的 30 万元 / 环，降低为 20 万元 / 环，微扰动注浆由 1.5 万元 / 孔，降低为 0.7 万元 / 孔（钻孔 20m，其中注浆 8m），且加固后通过监测，隧道管片变形趋于稳定。

结语

目前，地铁运营线路正在逐渐成网，为有效降低运营期维保成本，维保人员在日常工作中可以从以下几方面进行改进：

（一）创新管理思路，以预算管理为核心，记录分析实际施工功效，编制维保定额，推动土建设施维保成本的控制。

（二）注重经验总结，编制土建维保工作手册，及时总结常见病害的有效治理方式。

（三）研究维修技术，组建一线土建设施维修技术研究团队。2018 年，通过在运营前验收进行隧道三维扫描技术的推广，及时将问题发现并归属到原施工承包单位，有效地降低了维保成本。

参考文献

[1] 白雪 . 对城市地铁土建工程项目的成本管理与控制的探索 [J]. 低碳世界，2016（7）：129−130.
[2] 王凤香 . 探析地铁土建工程项目的成本管理与控制 [J]. 现代装饰：理论，2013（5）：175−175.
[3] 杨连刚 . 责任成本管理在地铁工程中的应用研究 [D]. 成都：西南交通大学，2008.
[4] 柴璐莎 . 地铁工程施工中的成本管理与控制 [J]. 工程经济，2015（10）：47−51.

医院放射防护工程项目管理

刘炳烦　王宁

安徽宏祥工程项目管理有限公司

放射防护工程主要针对产生X、γ射线，中子，核元素的工作场所进行防护保护。放射防护设施按照要求必须与主体工程同时设计审批，同时施工，同时验收投产，简称"三同时"。放射防护工程具有很强的专业性、特殊性、复杂性、采购招标的不确定性等专属特性，在新建医院项目中往往存在一些共性的问题，项目管理单位应对放射防护工程的共性问题作好应对准备。

一、放射防护工程设计阶段存在的共性问题

（一）同类设备不同品牌对建筑结构设计要求不一样

医院放射设备具有很强的专业性、特殊性、复杂性，几乎都是大型医疗设备，例如直线加速器、CT等，厂家、品牌、型号不同的设备互不相融，不同品牌的设备对机房的布局、土建结构净空和荷载、配套安装管线等要求存在差异，因此可能导致设计与放射施工、验收、使用出现偏差，影响放射防护质量

及进展。

（二）不同医院放射设备配置清单不一样

新建医院拟投入设备清单的确定需要经过一系列复杂的流程，每家医院的情况都会不一样，有共性也有特殊性，医院会根据业务科室的需要采购设备，也会结合医院长远的发展规划考虑，存在一定的不及时性，最终也会影响放射工程的设计进展及质量。

医院的放射设备绝大多数都是大型医疗设备，按照国家的相关法律法规的要求，必须要公开进行招投标，部分设备的采购还要提前取得设备的配置证，这就导致在设计阶段医院仅仅能提供一份拟投入设备清单，具体的要求存在很多的不确定性。

（三）放射环评、危害预评价报告要求不一样

放射项目环境影响评价报告与放射项目职业病危害预评价报告都是放射防护设计、工程招标、施工的重要依据。编制两个报告前需确定设备用房位置、设备清单、设备主要参数，一般在设计方案

确定，施工图设计之前编制，编制单位不一样，各省、市及地区要求不尽相同。

（四）整体设计与放射专项设计的不同步

一般情况下，新建医院的设计单位都是通过公开招标确定设计总承包模式，医疗专项设计可以包含在设计总包范围，这种模式的优点就是减少后期专项设计的招标与协调，整体方案有一个很好的延续性；缺点是如果设计总承包单位对医疗专项设计经验不足，设计成果往往很难满足医院的使用需求，后期需要反复修改才能符合要求。

按常规设计工作流程，设计总承包单位一般都是按照方案设计、初步设计、施工图设计的流程进行，放射防护作为医疗专项设计一般在二次深化设计阶段，很难完全同步于整体设计，势必会导致后期设计变更较多，影响施工进度、质量、造价等方面的控制。

（五）放射区域混凝土结构不一样

普通混凝土的密度 $2.3\sim2.5g/cm^3$ 左右，10cm 混凝土约等于 1mm 铅当量。普通放射科的结构混凝土，根据设备的

最大放射能力，选择使用不同厚度的普通混凝土就可以满足放射防护的要求。

但是，放疗科往往配置直线加速器、伽玛刀、射波刀、后装机等大型放射治疗设备，由于该类机房荷载特别大，设计往往考虑设置在地下室，因此空间布局受限制，结构混凝土厚度也受限制，需要使用密度更高的重晶石混凝土来进行弥补，以确保放射防护达到规范要求。目前由于国家环保政策的要求，重晶石混凝土原料采购、运输价格高，而能满足较高等级检测技术指标的重晶石混凝土又很难满足设计需求，这也是导致工程造价、质量难以控制的重要因素之一。

二、放射防护工程设计阶段项目管理措施

（一）合理选择专业的设计单位

同一类设备，不同品牌，不同的型号，设计要求便不一样。如果选择一个专业的设计单位，应用他们在以往成功设计案例积累的经验，结合不同厂家、不同型号的参数数据（大数据库）等，合理选择最方便、最优的设计布局方案，尽量减少后期设计变更，既可以为建设单位节省费用、工期，又可以增加建设单位设备选型的选择范围。

（二）科学规范设置放射科设备清单

放射防护工程涉及医院业务部门：放射科、放疗科、核医学科、DSA中心、ERCP中心、复合手术室和口腔科等；涉及医院相关职能科室：设备科、医务处、护理部、预防保健科、门诊部等，部门数量多；项目管理及设计单位征求院方意见的协调工作量大，现代医院科学技术发展迅速，设备更新速度非常快，需考虑新型高精尖设备的预算预留，这就需要设计院、项目管理公司、医院各部门、各科室积极参与，然后根据项目放射科的使用和发展需要，结合项目医院的整体发展规划，提出合理的建议，最终集体研究讨论形成放射科设备规划清单。

（三）专项工程及时设计、及时招标、及时反馈

有了初步设计方案、设备清单，确定放射项目环境影响评价报告与放射项目职业病危害预评价报告的编制单位，这往往是不同的两家单位，每个省也会有不同的要求，医院有必要根据当地的实际情况，及时督促编制单位编制报告并进行评审，同时反馈给设计单位进行修改，减少后期的设计变更，方便施工管理。

设计院应对放射科专项工程及时设计（不包括二次深化），有条件的医院应提前招标，由中标单位二次深化设计，同时反馈给原设计总包单位进行相关配套专业修改，减少后期的设计变更，方便施工管理。

三、放射防护工程招标采购阶段项目管理措施

（一）专项工程招标采购的重要性

招投标工作不仅是整个项目建设过程中的关键性环节，而且对项目进度、投资起着巨大的影响和决定性作用。

主要体现在：招投标阶段是否顺利决定了整个项目进度的80%，通过前期科学合理的招标规划、计划管理，保证各专项工程的承包商及材料设备供应商按时进场，以达到项目进度目标要求；通过招标策划过程段范围的合理划分，工程量清单成果的严格审核把关，从源头作好投资控制。

（二）编制规范、完善的招标文件

项目概况要明确，包括项目名称、招标内容及范围、项目预算、计划工期、质量标准等；因专业性比较强，建议设置相应的投标人资格要求，设置业绩要求；评标办法建议以技术标为主导（占分比大于商务报价）；项目管理单位要主动协助编写技术要求及工程量清单，特别是防护部分土建、基础建设要求要明确，如CT机房单边最窄面不低于4.5m，总面积不低于31m²；DR机房单边最窄面不低于3.8m，总面积不低于21m²。

（三）专项工程招标采购注意事项

项目管理公司应协助业主确定专项工程招标方式，根据本工程的实际情况向业主提出标段划分以及专业分包范围的规划建议。医院建筑涉及的专业工程比较多，所以总包施工范围及各专业施工范围的界限划分必须清楚、合理，否则将会发生漏项或重复，给后期工作带来麻烦，甚至会产生经济签证；每个合同包的招标范围和彼此之间的界面划分是清单编制前的工作重点。

专业的项目管理公司必须提供招标所需各专项工程的技术要求及参数。

医院项目招标采购子项目众多，招标投诉概率大，应对可预见的投诉事项进行有效规避；招标采购管理与设计、投资造价和机电安装等专业之间的有效配合，是顺利实施招标的关键。

不同的项目及业主有不同的特点和需求。招标人员应就招标项目、标段、界面划分及招标方式等事项与业主进行充分有效的沟通，明确业主需求及目的，并达成共识。

浅析地铁车辆段铁路站场有砟轨道铺设的质量控制要点

刘福东

北京赛瑞斯国际工程咨询有限公司

1. 车辆段轨道工程施工测量工作按照以下控制要点进行：

第一步：复测业主提供的基准点、基准线和水准点；

第二步：利用业主提供的基准点、基准线和水准点，进行施工平面控制网导线测量，并加密施工高程控制点；

第三步：测设，利用加密的平面控制网、高程控制点，对事先计算好的道岔岔位及线路中线点的坐标、高程进行测设。

2. 路基是支撑轨道和传递列车荷载的土工构筑物，地铁车辆段轨道工程施工，必须提前安排路基施工，以保证地铁线路行车前足够的沉降时间。路基填筑按"三阶段、四区段、八流程"的施工工艺组织机械化施工，这是经典的路基土方填筑施工工艺。

3. 底砟是铁路道床的重要组成部分，位于道床道砟层和路基基床表层之间，起着传递、分散列车负荷的作用，并防止底砟和路基颗粒之间互相渗透，既防止了渗水过度，也起到了防冻保温的作用。使用的道砟应进行品种、外观的检验，质量必须符合现行《铁路碎石道床底砟》TB/T 2897—1998 的规定。砟面平整度不得大于30mm。道岔前后各30m范围内应做好顺坡并碾压。

在底砟摊铺过程中，为了确保不会因路基基层床表层轨道作业不当而影响道砟的平顺性和均匀性，在底砟摊铺工序中，可以采用平地机和压路机等机械设备，通过人工配合作业的方式来进行底砟摊铺，保证底砟摊铺的施工质量。

4. 道岔及岔枕的类型、规格、质量应符合设计要求和产品标准规定；基本轨、尖轨轨面无碰伤、擦伤、掉块、低陷、压馈飞边等缺陷；查照间隔（辙叉心作用面至护轨头部外侧的距离）不得小于1391mm；护背距离（冀轨作用面至护轨头部外侧的距离）不得大于1348mm；绝缘接头轨缝不得小于6mm；道岔各类螺栓丝扣均应涂有效期不少于2年的油脂。

5. 线路铺设质量控制

1）站线有砟轨道人工铺设前的准备主要包括三方面的内容，具体如下：

第一：根据工程施工组织的计划以及工期的安排，组织轨料和轨枕的进场；施工所需的施工设备应当运抵施工现场。

第二：在铺轨之前，应当根据信号专业设计的标准合理确定绝缘接头所处的位置。

第三：在铺轨之前，应当准备好施工的材料和施工用具，检查施工机械和施工机具的性能是不是完好等。

2）现场钢轨、道岔配件装卸、搬运过程中不得抛掷、挤压，避免钢轨出现硬弯或者道岔尖轨受伤。

3）从站线的一端岔尾部开始铺设，根据信号绝缘接头的位置进行配轨并确定非标轨的具体长度。

4）钢筋混凝土轨枕硫磺锚固采用锚固架锚固，并加强锚固架的检查维修，严禁用不合格的锚固架进行锚固，严格控制锚固浆的配合比及灌注温度，并按规定进行抗拔及抗压试验，确保锚固质量。

5）线路枕木间隔用尺量后在一侧钢轨内侧标记，曲线地段标于外股钢轨的内侧，而另外一侧用方尺进行定位，按照标记方正轨枕。

6）线路铺设完成后进行起道整修时，按照设计的轨面高程，根据使用的捣固机械及道床捣固的实际情况预留一定的沉落量。

7）在上砟起道整修过程中，应该对线路的方向、水平、轨距以及高程、接头错牙、超高、曲线要素、道岔支距、道岔各部位轨距等按照设计文件及验收标准的要求进行仔细检查，发现问题应立即整改。

8）轨道的配件必须齐全，做到钢轨、坡脚线和砟肩线三线平行。

9）线路起道整修达到施工标准之后，应用机车或工程车列进行压道处理，然后再进行起道整修及精调，使道床的断面及轨面高程符合设计要求。

项目管理是监理企业开展全过程咨询的核心优势

李洁

青岛市工程建设监理有限责任公司

摘　要：监理企业较其他咨询单位开展全过程咨询工作最大的优势是在国家政策引导下多年自身积累的项目管理经验，监理企业要抓住全过程咨询这一宝贵的历史机遇，以项目管理为引领，率先整合其他资源，作为牵头单位开展全过程咨询工作，成功实现传统监理产业的转型升级，取得高质量发展新成就。

关键词　项目管理　监理企业　全过程咨询

引言

中华人民共和国成立70年来，建筑行业发展取得了辉煌成就，监理行业对促进建筑行业健康发展和提高工程质量水平作出了巨大贡献。2019年3月15日，国家发展改革委、住房城乡建设部联合印发《关于推进全过程工程咨询服务发展的指导意见》（发改投资规〔2019〕515号）（以下简称《指导意见》），在房屋建筑和市政基础设施领域推进全过程工程咨询服务，提升固定资产投资决策科学化水平，完善工程建设组织模式，提升投资效益、工程建设质量和运营效率，推动工程项目建设的高质量发展。

《指导意见》是继建设部在2003年发布了《关于培育发展工程总承包和工程项目管理企业的指导意见》（建市〔2003〕30号）提出倡导大型工程监理单位创建工程项目管理企业开展项目管理工作16年之后，又一次明确地为监理行业发展提供了有利契机和新发展理念，机会总是留给有准备的企业，经过16年的努力和市场培育，夯实项目管理基础的监理企业可以通过全过程咨询这一宝贵历史机遇，实现企业转型升级，取得高质量发展新成就。

一、项目管理是全过程咨询的关键环节

《指导意见》鼓励实施工程建设全过程咨询，由咨询单位提供招标代理、勘察、设计、监理、造价、项目管理等全过程咨询服务。《指导意见》规定，工程建设全过程咨询单位提供勘察、设计、监理或造价咨询服务时，应当具有与工程规模及委托内容相适应的资质条件。工程建设全过程咨询服务应当由一家具有综合能力的咨询单位实施，也可由多家具有招标代理、勘察、设计、监理、造价、项目管理等不同能力的咨询单位联合实施。由多家咨询单位联合实施的，应当明确牵头单位及各单位的权利、义务和责任。全过程咨询服务单位应当自行完成自有资质证书许可范围内的业务，在保证整个工程项目完整性的前提下，按照合同约定或经建设单位同意，可将自有资质证书许可范围外的咨询业务依法依规择优委托给具有相应资质或能力的单位，全过程咨询服务单位应对被委托单位的委托业务负总责。建设单位选择具有相应工程勘察、设计、监理或造价咨询资质的单位开展全过程咨询服务的，除法律法规另有规定外，可不再另行委托勘察、设计、监理或造价咨询单位。

全过程咨询的是为项目建设服务的一种模式，项目是在特定条件下，为完成特定目标要求的一次性任务，每个项目的设立都有特定的目标。这种目标表现为项目结束之后形成的"产品"或"服务"，与之相对应的还有另一类项目的目标，即"约束性目标"，如费用限制、进度要求等。工程建设全过程咨询的目的就是要委托一家专业的管理咨询单位协助建设单位在众多的"约束性目标"限制下，解决工程咨询碎片化和边界管理问题，保证整个项目的完整性，完成工程建设项目的全部预期目标任务。

工程建设项目管理的目标不仅是完成项目，还要在时间、成本和质量等限制条件下，尽可能高效率的达到预期目的。项目管理的方式是目标管理，由于项目涉及的目标领域十分宽广，项目管理单位不会成为每一个专业领域的专家，因此，项目管理单位要以综合协调者的身份向被授权的单位讲明应承担工作的责任和目标以及时间、经费、工作标准等限定条件，并监督和督促这些被授权单位根据不同的限制条件完成各自分工内的工作。

这就要求项目管理的实施单位必须具备在项目建设过程中协调相关参建单位综合应用各自知识、技巧、工具和技术手段以完成项目预期目标和满足项目有关方面的限制要求的能力，包括从项目决策到实施全过程进行的计划、组织、指挥、协调、控制和总结评价能力，以实现项目建设预期的目标。

著名企业家柳传志说过，"有的人像一颗珍珠，有的人不是珍珠，但他是一条线，能把那些珍珠串起，做成一条光彩夺目的项链。"这是一个听上去既生动又存在着"形象上悖论"的比喻：当珍珠串成一条光彩夺目的项链时，那条线就会被人看不到了，而事实上"那一条线"比任何一颗珍珠都要重要。用这个比喻来表达项目管理在全过程咨询中的重要性是非常贴切的。如果把全过程咨询看作是一条美丽的珍珠项链，《指导意见》中提到的参与全过程咨询工作的招标代理、勘察、设计、监理和造价单位就好比一颗颗珍珠，开展项目管理工作的单位就是那条穿起珍珠的线，只有具备在全过程咨询中为建设单位提供优质项目管理服务能力的咨询单位才是建设单位真正需要的全过程咨询工作牵头单位。

二、建设监理企业开展全过程咨询工作的优势

国家推行全过程咨询的目的是为了深化工程领域咨询服务供给侧结构性改革，破解工程咨询市场供需矛盾，创新咨询服务组织实施方式，建设单位需要的全过程咨询不是招标代理、勘察、设计、监理和造价咨询等传统业务的简单罗列和累加，而是要求全过程咨询单位在项目管理这根主线引领下，解决工程咨询碎片化和边界管理问题，满足建设单位一体化服务需求，增强工程建设过程的协同性，以工程质量和安全为前提，帮助建设单位提高建设效率。

工程建设领域咨询类企业主要包括勘察、设计、监理、招标代理和造价咨询等单位，根据《指导意见》相关规定，工程建设领域各类咨询单位均可以开展全过程咨询和项目管理工作，但不同类型的工程咨询单位因各自传统业务的内容不同，在开展全过程咨询和项目管理工作时所面临的主要问题也有所不同，勘察设计单位的业务以工程建设项目的勘察和设计为主，在设计方案的选择和优化方面具有较强的优势，但在施工阶段通常只参与工程设计变更方案的讨论和选定工作，很少涉及工程进度、投资和安全控制，而且大部分勘察设计单位从业人员长期从事勘察测绘和施工图设计工作，缺乏现场施工经验，在工作中存在"技术情结"，重技术实现轻管理的局面普遍，现场施工方面的管理尤为薄弱，导致勘察设计单位在开展全过程咨询和项目管理工作时对影响工程进度、投资和安全目标顺利实现的各种因素，难以提出具有前瞻性和预见性的判断和解决方案，缺乏对项目进度的有效控制，从而影响全过程咨询和项目管理工作目标的完成。

工程招标代理和造价咨询企业以工程招投标和工程造价咨询为主要工作，大型的工程招标代理和造价咨询企业一般同时具有招标代理和造价咨询资质并开展相关招标代理和造价咨询业务，与勘察设计单位在开展全过程咨询和项目管理工作遇到的问题相类似，招标代理和造价咨询企业虽然熟悉招投标程序和造价管理相关规定，但其从业人员基本不参与工程施工建设阶段的管理，导致招标代理和造价咨询单位在对工程建设过程中涉及的安全和技术等问题，难以主动提出风险预控和预防措施。由于现场施工管理经验的缺乏，使目前的工程造价咨询和招标代理单位很难以现有的技术力量开展全过程咨询和项目管理工作。

中国工程监理行业以施工阶段监理为主，从业人员长期在建设项目施工一线工作，经过30多年的以施工过程中质量、进度、投资和安全控制为主要工

作的发展，对中国工程施工管理水平的提升发挥了重要作用，特别是 2003 年以来在国家政策引导下稳步开展项目管理工作的经验积累，使得一批优秀工程监理企业在工程建设管理方面积累了丰富经验的同时，也汇聚了很多有着设计、施工和建设单位工作经验的优秀工程管理人才。

与勘察设计、招标代理及造价咨询单位相比，虽然现阶段工程监理企业普遍在施工实施阶段才介入项目建设，参与设计方案选定和施工合同签订等前期工作较少，但工程监理企业要在施工过程中参与解决大量因设计或合同约定不明确等项目建设前期工作不专业、不细致等原因，而引发的涉及工程技术、进度和投资等方面的争议或索赔，在处理此类争议与索赔的过程中，作为工程建设过程中公正的一方，工程监理企业会从公正、客观的角度查阅工程相关前期资料，分析争议与索赔产生的原因，通过提供专业且具有说服力的依据给出争议或索赔处理意见的同时，认真总结思考如何通过提出具有前瞻性和预见性的解决方案，综合运用合理的预控措施避免类似争议或索赔在其他工程中出现，经过对每年数百个工程的研究总结，使工程监理企业在如何通过加强决策和施工准备阶段的管理来保证整个工程建设的顺利实施方面积累了很多有效、实用的经验。这些经验是监理企业开展项目管理工作的宝贵财富，也是监理企业较其他类型咨询单位能够更好的作为全过程咨询牵头单位为建设单位提供全过程咨询服务的核心优势。

全过程咨询项目管理模式，在目前工程建设领域分工不断细化的情况下，对全过程咨询单位的管理经验和综合协调能力提出要高的要求，而建设监理企业在开展监理和项目管理业务所积累的经验能够帮助建设监理企业做好勘察设计、招标代理和造价咨询单位及施工总包单位的管理协调工作，使工程监理企业较《指导意见》中提到的勘察设计、招标代理和造价咨询单位开展全过程咨询工作，在管理经验上有着明显的优势。

三、青岛市工程建设监理有限责任公司开展项目管理和项目管理＋监理合一的实践体会

青岛市工程建设监理有限责任公司创建于 1992 年 5 月，原隶属于青岛市建设委员会，是青岛市成立的最早的监理企业之一，公司具有国家住房和城乡建设部颁发的中国建设工程监理综合资质，承接了上海合作组织青岛峰会主会场青岛国际会议中心、青岛胶东国际机场工作区和服务区、第 24 届山东省运会主会场青岛市民健身中心、青岛地铁八号线等一批大型项目的监理工作。公司不仅具有中国建设工程监理综合资质，还通过了建筑工程监理的综合管理体系认证，即集 ISO9001：2000 的质量管理体系、ISO14001：2004 的环境管理体系、GB/T 28001–2011 的职业健康安全管理体系的三位一体认证。

公司非常注重项目前期策划咨询与项目建设期实施的有机结合，将项目监理过程中施工建设期实施及后期管理中反馈的信息、数据及解决方案，经过统计、分析、储存后，用于后续项目前期的策划咨询和项目管理工作，这样的策划与前期咨询的成果具有很高的可行性和实用性，能够很好地指导项目管理业务的开展。

2003 年以来，公司以建设部《关于培育发展工程总承包和工程项目管理企业的指导意见》（建市〔2003〕30 号）为引导，发挥自身多年积累的工程监理经验，开始探索监理企业开展项目管理工作的道路，在业内尚未对项目全过程项目管理形成共识的情况下，以最大程度满足建设单位的建设项目管理需求为己任，通过多年不懈努力，由市场初步接受直至赢得了业界的认同。近十几年来先后承担了多个全过程项目管理的已建和在建项目；其中不乏国内顶尖级建设项目，如中国最具影响力的博物馆安防改造项目——地处北京天安门广场的中国国家博物馆安防系统改造工程的建设项目全过程项目管理。山东省总工会青岛工人疗养院项目工程建设全过程项目管理、兴业银行青岛分行办公楼项目工程建设全过程项目管理、青岛胶州湾楼山河口海域白泥综合治理项目代建等一批在省、市和行业内有影响力项目的管理工作。其中山东省总工会青岛工人疗养院项目荣获 2016~2017 年度国家优质工程奖，兴业银行青岛分行办公楼项目荣获 2017~2018 年度中国建筑工程装饰奖，实践经验表明监理企业开展项目管理工作有着诸多优势和强盛的生命力。

2017 年 2 月《国务院办公厅关于促进建筑业持续健康发展的意见》（国办发〔2017〕19 号）的下发后，青岛市工程建设监理有限责任公司已开始为全过程咨询工作展开积极准备，在先后与多家在各自行业内有影响力的勘察设计和造价咨询企业签订全过程咨询战略合作协议的同时，进一步提升项目管理水平为核心竞争力，在多年项目管理和委托监理的工程实践中开始进行项目管理＋监理合一的管理模式，并取得了良

好的效果。公司在中国纺织工人疗养院和青岛工人温泉疗养院改造工程中使用的项目管理＋监理合一的管理模式，充分证明了项目管理＋监理合一管理模式的科学性和先进性，实践表明，通过合并建设项目管理与施工监理工作，减少了整个项目建设管理的内部工作界面，实现了资源的整合和共享。提高了工作效率与质量。这一管理模式也与国际工程咨询业的一般作法非常接近，既实现了与国际通用作法的接轨，也十分符合《指导意见》关于重点培育工程建设全过程咨询，为固定资产投资及工程建设活动提供高质量智力技术服务，全面提升投资效益、工程建设质量和运营效率，推动高质量发展的要求。

为适应建设单位对委托全过程咨询和实施项目管理＋监理合一的需求，公司已制定了新的发展规划，向着更高更远的目标迈进。

四、监理企业开展全过程咨询的展望

全过程咨询作为中国深入贯彻习近平新时代中国特色社会主义思想和党的十九大精神，深化工程领域咨询服务供给侧结构性改革，破解工程咨询市场供需矛盾，创新咨询服务组织实施方式、解决工程咨询碎片化和边界管理问题，满足委托方多样化需求的具体服务模式，是行业发展不可阻挡的趋势，随着市场的成熟和国家相关配套政策的完善，一定会有广阔和美好的前景。

监理企业开展全过程咨询有诸多的先天优势，一定要把握好全过程咨询这一重要的历史发展机遇，充分发挥自身多年积累的工程管理经验，以为建设单位提供项目管理＋监理合一服务为突破口，走到其他咨询单位前列，率先发展成为全过程咨询的牵头单位，夯实基础、做强项目管理业务，在条件成熟时通过联合经营、并购重组等方式转变为具有综合能力的全过程咨询单位，成功实现监理企业的转型升级，取得高质量发展新成就。

参考文献

[1] 国家发展改革委，住房城乡建设部关于推进全过程工程咨询服务发展的指导意见（发改投资规〔2019〕515号）.
[2] 国务院办公厅，关于促进建筑业持续健康发展的意见（国办发〔2017〕19号）.
[3] 建设部.关于培育发展工程总承包和工程项目管理企业的指导意见（建市〔2003〕30号）.
[4] 秦永祥.咨询企业开展全过程咨询的微观思考[J].建设监理，2018（7）.
[5] 杨志明.国外全过程工程咨询服务模式研究[J].建设监理，2018（7）.
[6] 过效杰，许敏.工程项目管理与监理一体化服务的实践和思考[J].建设监理，2018（4）.

学习《关于推进全过程工程咨询服务发展的指导意见》（发改投资规〔2019〕515号）的几点感想和体会

皮德江

北京国金管理咨询有限公司

一、《关于推进全过程工程咨询服务发展的指导意见》的正式颁布（以下简称《指导意见》），是中国工程咨询行业，特别是全过程工程咨询领域的一件大事。对目前和下一步推广及开展全过程工程咨询服务，无论是"全咨"试点省、市企业和试点项目，还是其他地区和非试点企业及项目，均具有重大和明确的指导意义和作用。

二、《指导意见》明确了目前指导范围只限于房屋建筑和市政基础设施领域。而原《征求意见稿》中还包括交通、水利和能源等领域。

三、明确指出全过程工程咨询服务的重点在项目决策和建设实施两个阶段，重点培育和发展"投资决策综合性咨询"和"工程建设全过程咨询"两种全过程工程咨询服务模式。而在以往文件中强调包括运维、运营阶段的项目全生命周期。因为目前乃至今后相当长时间内，建设单位对提供运维、运营阶段工程咨询需求不会很普遍，且具有提供此阶段工程咨询能力的咨询企业也不会很多。

四、《指导意见》阐述"规范投资决策综合性咨询服务方式"时指出，"投资决策综合性咨询服务可由工程咨询单位采取市场合作、委托专业服务等方式牵头提供，或由其会同具备相应资格的服务机构联合提供。牵头提供投资决策综合性咨询服务的机构，根据与委托方合同约定对服务成果承担总体责任；联合提供投资决策综合性咨询服务的，各合作方承担相应责任……"

笔者认为：其一，上述论述不仅适用于"投资决策综合性咨询"，而且也适用于"工程建设全过程咨询"；其二，所谓"牵头提供""承担总体责任"，可以理解为"全过程工程咨询总包（简称全咨总包）""承担全咨总包责任"；而"市场合作、委托专业服务"可以理解为"专项咨询分包、转委托"。"联合提供"可以理解为各咨询机构不是全咨总分包关系，而是联合体成员关系。要么是联合体牵头单位，要么是联合体成员单位。各合作方根据联合体协议，"承担相应责任"。

五、明确"工程建设全过程咨询服务"的实施方式，既可以由一家具有综合能力的咨询单位实施，也可由多家具有专项咨询业务资质和能力的咨询单位组成联合体来联合实施。当由一家咨询单位实施时，其应当自行完成自有资质证书许可范围内的业务，在保证整个工程项目完整性的前提下，按照合同约定或经建设单位同意，还可将自有资质证书许可范围外的咨询业务分包（转委托）给具有相应资质或能力的专项咨询分包单位。用"应当"这样的强调语气优先提倡和推行由一家有综合能力的咨询单位实施"全咨"业务。

六、《指导意见》指出，开展"投资决策综合性咨询服务"的，应充分发挥咨询工程师（投资）的作用，鼓励其作为综合性咨询项目负责人，提高统筹服务水平。开展"工程建设全过程咨询服务"时，项目负责人应取得工程建设类注册执业资格且具有工程类、工程经济类高级职称，并具有类似工程经验。对"全咨"的项目负责人明确提出不但有注册而且还必须具有高级职称，这比以往文件只要求中级以上职称更加严格。而实际上，现有很多全过程工程咨询实际案例，从项目立项阶段开始，建设单位就通过招标或委托一家全过程工程咨询单位（全咨总包）进行咨询工作，既包含"投资决策综合性咨询"内容，又包含"工程建设全过程咨询"内容，这种情形下，如何确定项目总负责人（或称项目总咨询工程师）呢？笔者认为，为保证咨询项目总负责人的稳定性和连贯性，应按"工程建设全过程咨询"要求确定项目总负责人，而任命一位能胜任"投资决策综合性咨询"管理工作的注册咨询工程师（投资）为项目副经理（或副总咨询工程师），以利投资决策综合性咨询工作。

七、前款已叙，很多工程咨询项目

同时包括投资决策和建设实施两个阶段，甚至还包括运维（运营）阶段，因此既有"投资决策综合性咨询"，又有"工程建设全过程咨询"，甚至还包括更多工程咨询内容。那么，这两种咨询模式的分界点在哪里呢？笔者认为，不应只从时序和阶段上划分和区分，而主要应从咨询内容和性质上加以划分和区分。即便如此，也是你中有我，我中有你，有些咨询内容和范围是难以彻底界定和厘清的。所以，一定要强调综合性、跨阶段、协同性和集成化。

八、《指导意见》列出了7种专业化咨询服务业态，即投资咨询、招标代理、勘察、设计、监理、造价和项目管理。实际上，这些专项咨询服务业务，在2017年2月国务院19号文首次提出"全过程工程咨询"概念之前，均已至少存在20年以上，最长的工程设计可能已近百年。那么，全过程工程咨询推出什么新的咨询服务业务了吗？答案是否定的。即便是新生的BIM咨询、绿色建筑咨询也诞生于全过程工程咨询之前。既然各项咨询业务均是早已存在的，那么国家为什么还要大力推行全过程工程咨询呢？为什么不继续推行全过程项目管理呢？全过程工程咨询与全过程项目管理之间是何关系，有何区别？全过程工程咨询7项专项咨询业务是何关系？是它们的叠加和简单组合吗？

实际上，将全过程工程咨询诞生前的工程咨询模式称为碎片化的工程咨询模式，而将全过程工程咨询模式称为中国工程咨询行业革命性的模式创新，它创立了一种集成化和一体化的工程咨询新模式。首先，它不是将7项咨询业务简单地叠加、组合在一起，而是融合成有机的整体。换言之，发生的是化学反应，而不是物理反应。以业主为中心并由其管理各项咨询业务的模式为碎片化咨询模式，那么全过程工程咨询为何就不是碎片化而变成集成化和一体化呢？笔者认为是通过全过程工程咨询单位（全咨总包）实现和完成的。大家回想一下30多年前，中国未实行施工总承包制之前，工程项目施工安装行业就是建设单位分别委托各专业施工安装队伍的碎片化管理状态。而引进国际先进的施工管理理念和做法后，实行了施工总承包制、项目经理负责制，中国的建筑施工行业马上就飞速发展，与国际接轨了。国内的施工安装企业则不断发展壮大，走出国门，参与国际竞争。

全过程工程咨询概念的提出，正是要求工程咨询行业借鉴施工总承包行业成熟和先进的经验及做法，培育一批具有综合能力的咨询骨干企业通过并购重组、联合经营等方式做大做强，像施工行业一样，与国际接轨，参与"一带一路"和国际竞争。

具体途径就是一家有综合能力的咨询企业中标或接受委托担任咨询总包，其资质范围内的咨询业务按合同约定由其自身承担；资质范围以外的可以和其他具备相应资质的企业组成联合体；也可以按合同约定并征得建设单位同意分包给有相应资质的咨询单位。咨询分包对咨询总包负责，而咨询总包对建设单位负责。这才是全过程工程咨询的精髓和核心意义。这实际与30年前的施工行业改革如出一辙。至于说为何要用全过程工程咨询替代全过程项目管理，应该说，项目管理仍属于碎片化的咨询模式。业主只是部分授权，主要任务是协调管理，与管理协调对象均非一个企业也无合同关系，协调力度有限，各方的关注点和工作目标并不完全一致。全过程工程咨询最大优点是主要业务由一家承担，可以"将外部协调变为内部管理"，管理力度大增。即便是联合体或咨询总分包之间，也是合同关系，不像项目管理，与被管理对象绝大多数并非合同关系。

九、全过程工程咨询两大要素：一是"咨询总包"；二是"1+N"模式；"1"是全过程项目管理，"N"是除项目管理外的其他专项咨询业务。即开展全过程工程咨询，必须以全过程项目管理为核心内容，加上工程设计、工程监理和造价咨询业务（称为关键、主要业务）中的一项或几项，以及其他咨询业务，便形成了全过程工程咨询服务的基本内容。实行咨询总包、"1+N"模式与原来碎片化咨询模式最本质的区别是：前者各咨询业务或板块之间的关系要么是一个单位内部的管理协调及领导关系，要么是合同关系；而后者的委托全过程项目管理单位与被协调管理单位是在业主授权范围内的管理与被管理关系，而非合同关系，因而不是一体的，而是碎片化的。

十、今后的路还很长，任重而道远。除了建立全过程工程咨询服务技术标准和合同体系外，破除制度性障碍，优化政策法规环境，破除行业壁垒、部门垄断和条块分割的机制，制定全过程咨询招标和委托管理办法，加强工程咨询行业供给侧结构性改革，培育和培养具有综合能力和资质，具有组织、技术、管理、经济和法律技能、知识复合型人才的咨询企业，任务十分紧迫。所以，不能有"等、靠、要"的思想，应根据《指导意见》颁布的东西，大胆改革创新和项目实践，不断探索和总结经验教训，使全过程工程咨询沿着健康发展的道路不断前行。

工程总承包模式的监理探索与创新

——港珠澳主体工程岛隧工程

广州市市政工程监理有限公司

一、岛隧工程技术难点及取得的成果

（一）人工岛快速成岛

本工程两个人工岛地处开敞海域，岛体全部位于约 30m 厚的软基之上，共采用 120 组深插式钢圆筒形成两个人工岛围护止水结构，单个圆筒直径 22m，高度达 40~50m，重约 500t。

通过采用该创新技术，两个 10 万平方米的人工岛在 215 天内即完成成岛，实现了"当年动工，当年成岛"的施工目标，是迄今为止中国建设速度最快的离岸人工岛工程。与传统抛石围堰工法相比，施工效率提高了近 5 倍，且海床开挖量大幅减少，对海洋的污染也降至最低。

（二）沉管管节工厂化预制工艺

港珠澳大桥海底隧道是中国首条在外海建设的超大型沉管隧道，海中沉管段长达 5664m，由 33 节管节组成，标准管节长度 180m，重约 8 万吨，最大作业水深 46m，120 年的设计使用寿命对沉管结构自防水、混凝土耐久性都提出极高要求。沉管管节全部采用"工厂法"制造，在国内尚属首次，与传统的"干坞法"相比，"工厂法"可形成流水线生产模式，实现全年 365 天不间断流水生产，管节预制效率和质量大幅提升，代表了未来大型构件大规模生产的技术趋势。

（三）沉管隧道基础设计与施工

为解决沉管隧道基础设计与施工难题，采用复合地基加组合基床方案，实现隧道基础刚度平顺过渡。

（四）外海沉管管节的浮运与安装

作为第一次外海安装项目，缺乏施工经验且高风险；沉管是世界上最大的混凝土构件之一，管节体量巨大，控制难度大；浮运线路位于目前中国航运最繁忙的水域，沉管无动力、无舵效，航道狭窄，需要多拖轮协作操控难度大，横流、横浪情况下在狭窄基槽内长距离横拖作业，不仅克服许多困难，且要高精度完成对接。

（五）首创整体式最终接头

沉管隧道最终接头底板长 9.6m，顶板长 12m，总重达 6120t，创新采用"主动顶推止水整体安装"新型接头结构和新工法，首次在国内采用"三明治"钢壳混凝土沉管结构以及"高流动性混凝土"的新工法，世界范围内首次在沉管工程中采用"M 型 +LIP+GINA"止水带组合顶推系统临时止水。同时，最终接头施工受深槽"齿轮现象"和合龙口区"峡口效应"的双重影响，海流异常复杂，安装空间极为受限，犹如在波涛中"穿针引线"。

最终接头从设计至施工，历时长达 3 年，共完成 50 余项专题研究及试验演练，实现了最终接头毫米级精确安装，在世界上第一次做到了深水复杂环境下最终接头滴水不漏。

二、施工设计总承包模式简介

2006 年 12 月，交通运输部决定在北京等 5 省、市开展设计施工总承包试点工作。截至 2011 年内地交通行业试行设计施工总承包的项目不过 10 余个，试行过程中取得了宝贵经验，同时也存在着诸如法律和政策缺位、风险分配不平衡等问题。国际建筑市场总承包模式与传统模式平分秋色。

香港地区的政府工程对设计施工总承包模式情有独钟。岛隧工程集岛、隧、桥为一体，这种复杂的集群结构对国内的任一建筑业企业都是一个巨大的挑战。而市场调研显示，各潜在投标人既有某专业的技术优势，又有其他专业的技术劣势。因此，各自独立完成岛隧工程的能力有所欠缺，势必要求潜在投标人组建联合体来实现设计施工总承包。

在设计施工总承包模式下，总承包人既可以及时掌握设计方面的工作动态和进展，又可以及时掌握施工方面的工作动态和进展，这种优势互补的态势有利于设计施工的整体方案优化，有利于提高工程质量。

岛隧工程处于港珠澳大桥主体工程的关键线路上，由于不可预见的情况较多，如果完全采用传统承包模式，很可能无法满足2016年年底通车的工期要求，在设计施工总承包模式下，由于设计部分完成后即可开始施工，施工又反过来可以优化设计，二者的交叉和结合有利于保证工期。

在传统承包模式下，岛隧工程将划分为多个标段，各标段的管理均需由业主进行，这样就造成管理环节较多。而采用设计施工总承包模式，只有一个标段，发包人只负责和总承包人进行联系，总承包人内的设计人和承包人由总承包人进行管理。如港珠澳大桥岛隧设计施工总承包项目内有4个设计团队，5个施工工区均由总承包人进行管理，这样既可以克服业主管理力量的不足，又可使业主较少干扰总承包人的管理，管理环节大大简化。

在传统承包模式下，工程在招标阶段由业主主导，承包人的报价较低；而到了实施阶段，业主的主导作用降低，承包人可能会利用变更和索赔变相增加造价，从而抵消在招标阶段作出的价格让步。而在设计施工总承包模式下，由于设计施工总承包一般为固定总价合同，业主在招投标阶段已经给予投标人较长的考察工程现场、评估工程风险、编制投标文件的时间，这样就可以使投标人的工程报价较为合理，再加上设计施工互动和相互优化，如果合同机制完善，设计施工总承包模式在控制工程造价方面较传统承包模式有一定的优势。

在传统承包模式下，设计人和承包人分立，且由于设计人关注的重点侧重于结构的安全和可行性，承包人关注的重点侧重于方案的经济性和技术的方便运用方面，二者利益取向不同导致二者既相互脱节，又相互制约，设计人和承包人的沟通效率低下，均处于信息不对称的状态。在这种模式下，工程变更的情形较多，且工程变更往往成为承包人增加造价的重要理由。而在设计工总承包模式下，由于设计人和承包人均处于总承包人的控制下，相互信息沟通渠道畅通，信息和需求可以实现充分共享，从而可以有效减少工程变更，控制工程造价。

岛隧工程兼具公路桥梁工程和水运工程，技术难度大，工程界面多，工程建设中需要设计施工联动配合的工作非常多，如沉管预制与浮运、高水压条件下节对接等均需要设计施工联动；人工岛与沉管均处于深厚软土地基区，地质情况复杂，控制差异沉降问题突出，需要设计施工相互配合解决。采用设计施工总承包模式可以有效减少不同类型工程之间的界面。

选择项目管理模式的目的在于创造价值。因此选择并采用设计施工总承包模式应有明确的价值导向，港珠澳大桥"建设世界级跨海通道，为用户提供优质服务，成为地标性建筑"的宏伟建设目标是选择该模式的价值所在。同时，基于伙伴关系理念构建的发包人和总承包人之间的关系，基于负责担当和奉献精神构建的优秀工程文化，对树立设计施工总承包模式下的发包人和总承包人的价值观、工程观、功德观将起到独特的作用。

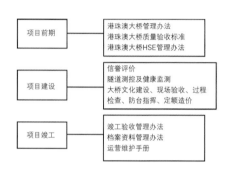

三家领导担任联合体领导小组，定期召开会议，解决联合事内部事务。公路资质监理负责桥梁、隧道基础；水运资质监理负责人工岛、航道疏浚；市政资质监理负责沉管预制和安装；均有相类似大型工程的业绩，雄厚的技术力量。

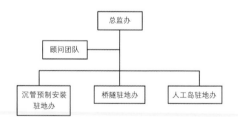

三、项目工程中监理工作实践与创新

（一）开启全新的水下检测监理任务

港珠澳主体工程岛隧工程项目中监理人员投入 2000 多万元的仪器设备，开展了水下测量，实时掌握施工过程中结构物的沉降位移变化，潜水探摸、海底基床扫测和隧道贯通测量等工作，确保了结构的安全性和稳定性，达到信息化指导施工，发现问题及时处理的目的。这是第一次由监理人全面独立开展的水下检测。

检测采用先进的全站仪、多波束仪、海水密度仪、水下摄像控摸等独立测量仪器，取得监理抽检数据。在管节的验收、沉放决策、事情原因分析、总结汇报等方面发挥了监理的独立性、公止性作用。基床监测中监理使用多波束仪等专用仪器及潜水人员水下测量控制办法测量的全新水下检测监理任务，在经历了 33 个沉管基床铺设，做到实际高程误差、纵坡控制均在设计要求范围内。（潜水探摸）沉管在安装前后监理需要进行大量的检查工作，其中潜水探摸是重点工作。潜水探摸包括钢端壳清理探摸、回淤物探摸、GINA 止水带压合、管节安装偏差水下测量等工作。隧道监测需要多次引入进洞导线及导线网的复测。克服高温、高盐、高湿的作业环境。运用数据化软件管理，监理及时得到沉管沉放不同荷载下工后沉降的数据，为下一步管内及管外施工提供决策。（贯通测量）理论上 6km 的隧道测量误差为 5cm，但在本工程是不允许的。监理人采用高精测量仪器，使用多种测量方法，优化控制网等手段，使最终测量误差控制在 2cm 内，从而使沉管隧道贯通误差满足要求。

（二）高效的信息化管理

项目监理部与业主、承包人建立信息化管理平台 [网络基础设施建设、办公自动化系统（OA）、网上资料上报、远程视频监控]，全方位为港珠澳大桥岛隧工程建设搭建信息沟通的大桥，让员工办公操作形成标准化管理。运用信息化手段对管节预制全过程可视化监测预警。

（三）程序和标准的制定者

工厂化、全断面沉管预制，在国内极少有类似工程可以借鉴，监理工作验收标准与验收程序也无相关的规范。监理人攻关克难，熟悉图纸与工艺，结合相关验收规范制定出"阶段检查、整改验收"的钢筋笼检查验收方案，进行动态的验收程序；按业主要求，参照的标准"就高不就低原则"，监理人相对应制定各项监理表格。

全新的外海沉管浮运。监理人根据工艺和设计要求，制定出管节安装决策机制，对沉管出坞、转向、沉放、压接等阶段以清单形式列出环境、人员、设备、技术要求等参数要求，安装过程中参加决策会议，确保每一次管节安装过程可控，数据分析可逆，人员责任明确，指挥决策得当。

对管节的水密及耐久性等关键质量要求制定严格的检查和验收程序。在监理过程中对沉管的原材控制、混凝土性能、保护层厚度、橡胶止水产品、钢结构防腐厚度等指标除了现场监理人正常抽检外，利用现有的广泛资源，组织顾问、咨询顾问、试验中心、检测中心等团队定期对管节进行质量巡查的方式，集众人之智慧，不断提高监理人工作水平。推广"首件制"和"典型施工"。为了达到世界性工程的目标，除了沉管预制外，在管内装饰工程施工过程中，监理人对每道工序施工前均布置承包人完成"首件制"和"典型施工"要求，参与材料选型、施工工艺选取，主导工序验收要求、施工总结编写。确保已装饰的管内工程内在质量一流，外观大方。

（四）精细化管理

针对沉管预制工序复杂、检查要点多的特点，项目监理部设置质量控制点，进行清单式管理。不断总结，及时升级监理工作文件版本，持续改进和提高。在施工中改进施工工艺，监理根据方案的调整及时更新监理实施细则、监理工作手册等监理文件。沉管的水密性防水质量是沉管预制重大质量控制点，决定沉管 120 年使用寿命。

（五）深入工法创新，广泛参与工艺优化

监理人在工程施工过程中紧密围绕如何提高沉管水密性进行摸索，并针对沉管预制实际参与端封门外侧牛腿止水优化、振捣施工优化、中埋式止水带注浆管优化、OMEGA 止水带预埋件盖形螺帽防护、J 型拉钩筋优化、侧墙水密优化、水密试验优化、预应力水密优化等多项优化及改进，确保了沉管预制质量同时提高了水密性水平。

（六）持续开展质量通病排查

监理单位对沉管预制过程中有可能出现的质量通病：直螺纹钢筋丝头加工、安装不合格，保护不规范；扎丝头、钢筋、预埋件等伸入钢筋土保护层；保护层垫块质量差；混凝土构件外观质量差；大体积混凝土开裂；混凝土缺陷修补工艺不合理，修补随意；混凝土养护不到位；预埋铁件防腐修复达不到出厂

验收合格时要求；端钢壳平整度、倾斜度达不到要求或不符合要求；防水构造施工细节处理不好，存在违规施工；中埋式止水带渗漏风险；OMEGA 止水带水密性试验不合格；GINA 止水带吊装、保护不规范；GINA 损坏、变形等；接头外包施工不规范；阴极保护系统提前失效等重大风险进行风险分析，制定预防和治理措施。监理人最重要的工作就是不断重复常见的各种质量通病，要求承包人及时发现及时整改，真正做好质量守护人，坚决做到质量零容忍！

（七）模块化的 HSE 管理

HSE 是 健康（Health）、安全（Safety）和环境（Environment）三位一体的管理体系。

在港珠澳大桥的监理工作实践中，取得了丰硕成果，最终达成 HSE 监理零重大责任事故目标。HSE 监理督促承包人结合本工程实际情况，实施 HSE 经费投入动态管理，例如：本工程地处海岛，受台风天气影响，应急物资准备可根据实际情况进行动态调整和管理。

HSE 监理严格审查施工组织设计中的安全、健康及环保技术措施方案，包括中华白海豚保护专项方案、HSE 专项方案、HSE 事故应急预案和应对自然灾害的紧急预案，并监督 HSE 措施落实到位，促进项目 HSE 科学管理。

HSE 监理对施工现场采取定期和不定期巡视检查，对预防事故、保障生产起到积极促进作用。施工现场的监督检查遵循"一级检查一级，一级对一级负责"

原则，坚持对问题及隐患的管理原因追溯和处理，确保层层履行 HSE 职责，落实 HSE 技术措施和要求，及时消除作业环节存在的各类 HSE 隐患和问题，持续提高 HSE 管理水平和绩效表现。

结语

港珠澳大桥岛隧工程设计施工总承包模式在质量、进度、技术创新、资源整合与统筹、简化管理环节及减少管理界面方面取得了显著效果，获得了行业主管部门和粤、港、澳三地政府的认同。

在中国国情下构建设计施工总承包模式，是一个将中国国情与国际惯例相结合，推进设计施工总承包模式在中国内地集成创新的过程。项目管理者对中国国情和国际惯例应有深刻、本质的认识。项目法人应基于价值引领和因地制宜的原则，结合项目特点，了解项目实施具体环境和项目自身要求，做到"环境 – 特点 – 模式"之间的合理结合。要促进设计施工总承包模式在内地的健康发展，就必须构建与设计施工总承包匹配的制度环境，制度环境的构建包括法规、政策和合同范本的完善。从为项目创造最大价值出发，业主让渡部分具体管理职能并转向服务型业主是设计施工总承包模式成功实施的重要因素之一。

风险平衡划分是设计施工总承包模式能成功实施的另一个重要因素。岛隧工程设计施工总承包招标文件在对联合

体进行明确界定的基础上，专门设置风险包干基金，按照报价清单中部分单元报价之合计金额不低于 3%计列，用于合同条款中明示和暗示的所有由联合体应承担的全部风险。合同条款中关于变更的范围和内容的设定也较好地体现了风险共担的原则。

设计施工总承包模式对传统的监理企业带来非常大的冲击。监理人才不配套，导致大多只能运用技术手段进行质量检查和控制，而不能运用经济和合同手段进行全方位、全过程控制。在传统模式下，监理制度主要针对现场进行施工监理，而对设计监理执行较少，就算要单独开展设计监理，也是建设单位单独委托设计监理单位。设计单位作为项目建设五方主体单位之一，具有独立性。设计单位在作设计和相应变更时一般侧重项目效果和技术的可行性考虑，而不会重点考虑工程进度、施工科学性和经济等因素。监理单位在同设计单位协调过程中，传统模式下的监理工作也只能协助建设单位进行程序性协调。全过程的监理必定成为趋势。

参考文献

[1] 张劲文，朱永灵，高星林，等. 港珠澳大桥岛隧工程设计施工总承包模式构建 [J]. 公路，2012（01）：133–136.

[2] 黄峻西. 基于工程项目总承包的组织系统设计研究 [D]. 重庆：重庆大学，2008.

北京大兴国际机场航站楼工程监理管控方法探讨

北京华城建设监理有限责任公司

一、项目简述

北京大兴国际机场是党中央、国务院决策的标志性重点工程，是国家"十二五"规划的重点项目，也是国家推进京津冀协同发展战略和北京市打造世界级城市的重点工程，具有非常重大的政治、经济和社会意义。其中北京大兴国际机场航站楼工程由核心区及中央南、东北、东南、西北、西南5个指廊组成，总建筑面积90万平方米（其中核心区工程60万平方米，指廊工程30万平方米），是世界上迄今为止单体建筑面积最大的航站楼。作为世界首座高铁从地下穿行、首座双层出发双层到达的航站楼，被英国《卫报》评为"新世界七大奇迹"之首。

二、项目特点、难点分析

（一）单体面积大

航站楼及换乘中心工程建筑面积为90万平方米，地下二层，地上局部五层。航站楼混凝土结构南北长996m，东西方向宽1144m。

（二）结构超长、超宽

航站楼核心区平面外围尺寸513m×411m，根据建筑功能需要不设结构缝，最大尺寸超出《混凝土结构设计规范》GB 50010–2010限值近10倍，超大超宽劲性混凝土结构施工，结构裂缝控制难度大。

（三）钢结构形式复杂，用量超大，安装精度高

航站楼核心区由8根C形柱为主要支撑，组成不规则自由双曲面的空间网络钢结构屋顶，钢结构屋顶由25种规格63450根杆件和18种规格12300个球节点拼装而成，每个球点位置都不一样，每根杆件大小也不一样，投影面积达到18万平方米，总重量达到4.2万吨，相当于鸟巢的用钢量；指廊钢网架重1.3万吨，由13层不同结构形式组成的金属屋面，总投影面积达13.3万平方米。安装精度达到毫米级。

（四）隔震要求高

航站楼实现无缝隙的空铁联运，地下二层的5条轨道线可与航站楼实现站台到值机岛的垂直换乘。高铁、轻轨穿过航站楼下部不减速（300km/h），工程±0.000设置了由铅芯橡胶隔震支座、普通橡胶隔震支座、滑移隔震橡胶支座和电涡流阻尼器组成的隔震层，共安装1124套隔震支座，隔振层规模为国内首创。

（五）屋顶双曲面造型新颖

航站楼核心区结构屋顶双曲面造型，无标准构件，无标准单元，核心区最大跨度180m，最大高差30m，投影面积达到18万平方米，相当于25个标准足球场大小，可容下一个"水立方"。顶部的中央天窗，由8000多块特种玻璃组成，且没有两块玻璃是一样的。

（六）新型屋面体系安装

航站楼屋面采用直立锁边金属屋面系统，投影面积31.3万平方米，屋面板由4万块不规则装饰板组成，对金属屋面内部结构与钢网架连接，主、次钢檩条之间的连接方式和焊接质量要求极高。

（七）机电系统复杂

航站楼机电系统属于超大系统，安装工艺复杂。主航站楼的机电安装涉及108套系统，共计各类桥架35.78万米，电缆139.8万米，电线216万米，风管72.9万平方米，水管43.9万米。

（八）工期紧，协调工作量大

航站楼的施工单位包括核心区和指廊工程两家总承包单位，127家分包单位，高峰期近18000多名工人现场同时作业。涉及航站楼区域内各施工单位、各专业之间的协调配合，涉及航站楼内与楼前高架桥以及市政配套工程的配合，涉及与行业间的协调等。

三、监理准备工作

（一）提高认识，统一思想，凝心聚力，共创精品

项目团队成立之初，公司党、政、工领导组织项目人员进行广泛动员，教育广大监理人员要充分认识北京新机场项目建设重要的政治意义和历史意义以及监理任务的艰巨性，要牢固树立"政治意识""大局意识""核心意识"和"看齐意识"，要严守职业道德，要高标准、严要求，要坚持从品质和细节入手，要不断学习提高、磨砺意志、真抓实干、铸造精品。通过动员，使全体监理人员达到了统一思想、提升境界、凝心聚力的目的，筑牢了思想基础。在监理过程中，广大监理人员表现出强烈的使命感、责任感和集体荣誉感，精诚团结、攻坚克难，以勇于担当的政治热情和壮士断腕的勇气投入到新机场航站楼工程的火热建设中。

（二）组建强有力的监理组织机构

针对本项目的特殊性和重要性，公司高度重视，成立了以董事长为指挥长的新机场项目指挥部。统筹协调项目所需的人力、物力等资源，确保满足高标准监理工作需要。

选派政治素质高、业务能力强、航站楼项目监理经验丰富、年富力强的监理人员组建项目监理团队。设置土建、机电、合约、安全等专业总监代表，对项目的质量、造价、进度控制，对安全与环境、合同、信息与组织协调管理进行全天候、全过程、全方位的监理工作。工程实施过程中，项目监理部充分发扬华城人"诚信务实、敢于挑战、勇于创新"的精神，坚持"不忘初心，牢记使命"的信念，实现了"安全零事故、质量零缺陷、工期零延误、环保零超标、廉政零风险"的目标。

1. 新机场项目指挥部（如左图）
2. 项目监理组织机构（如右图）

（三）分工明确，责任到人

本工程体量大、系统复杂，而且核心区和指廊分别是由两家总承包单位施工。项目监理部根据实际情况，分别成立了核心区、指廊项目土建组、钢结构组，分区域设立小组；按专业成立安全组、机电组、测量组、造价组和BIM组，各组设负责人，区域设组长，建立网格化管理，明确各岗位职责，自上而下分层签订岗位责任书，分层负责，层层把关。

总监理工程师依据各岗位职责，每季度对项目所有监理人员的工作进行考核、评比，强化责任落实。土建组之间每月进行互查、互评，促进监理人员互相学习、相互促进、逐步提高。

四、监理过程控制

（一）风险管理

坚持"预防为主"的原则，加强工程质量、进度、造价控制和安全管理等的风险防范，推进风险管理工作的科学化、标准化、信息化。

1. 建立风险管理组，由项目总监理工程师和总监代表组成。

2. 制定风险管理制度，根据工程不同阶段制定风险控制点。

3. 每周分别对风险管理数据进行统计、分析和预测。

4. 采取现场巡查、旁站监督、审核查验、专题会议等方式，每周形成风险管理分析报告，每月形成风险管理总结。

（二）编制有针对性的监理工作方案

建立、健全项目质量、安全监理管理体系，制定相应的项目监理工作制度，编制有针对性、可操作性的监理规划及监理实施细则等监理工作方案，指导项目监理工作的具体实施。

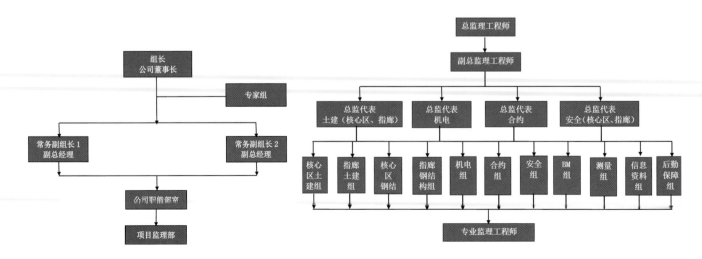

（三）质量控制

坚持方案先行、样板引路、材料封样以及首段首件验收制度，确保工程质量受控。首先，严格监理工作程序，坚持从源头抓起，做好样板引路，保证了后续施工的精确性，同时也为现场质量检查、验收提供了统一标准，有效地促进了工程施工质量的整体提高。其次，严格审查施工方案及分包单位资质，加强原材料与设备的进场检验与验收，贯彻落实材料封样及首段首件验收制度，安排专人驻厂（驻站）监理，做好巡视、见证、旁站等监理工作，重视预控，强化过程管理，做到事前、事中、事后的全过程质量控制。

1. 混凝土质量控制

制定主体结构大体积混凝土结构裂缝监理控制措施，从"放""防""抗"三方面加强监管。在采取了优化混凝土的配合比、采用补偿收缩混凝土、掺加聚丙烯纤维等措施的同时，重点关注降低混凝土内部的绝热温升，严格控制测温点布置，采用无线温度监测系统，密切关注混凝土内温度变化情况，并制定合理有效的养护措施控制混凝土裂缝，保证混凝土质量。

2. 钢结构质量控制

钢结构制作施行监理驻场监造制度，从源头控制钢构件加工质量；钢结构现场安装过程中，采用人工和焊接机器人焊接相结合的方法，监理控制要点是检查焊接工人的持证情况、岗前培训及焊接工艺检验结果，审查焊接机器人操作规程和程序软件，确保充分利用计算机空间定位技术控制每个球节点位置，加强现场测量定位的精度控制，严格控制各工序检查验收。

3. 屋面质量控制

保证屋面系统的牢固性、精确性和防渗漏是屋面质量控制的重点。结合以往航站楼工程监理经验，针对新机场航站楼屋面面积大，曲面多，施工跨越冬、雨季等特点，监理人员详细审查，熟悉设计图纸，认真审核施工方案，提前分析金属屋面内部结构与钢网架连接可能出现的问题和安全隐患，结合现场实际情况，与设计单位、施工单位共同提出解决方案，确保航站楼工程屋面系统牢固可靠。通过严控屋面雨水排水系统的排水斗布置及采光窗横向收边的密封和不同材料接茬部位处理等细部节点施工质量，确保航站楼工程屋面系统不渗不漏。

4. 装饰装修质量控制

装饰装修工程监理控制的重点一是原材料的质量，二是操作工艺，三是观感质量。主要材料样品、安装工艺样板由设计、业主、施工单位、监理单位共同确认验收，过程中，监理注重细节把控。针对项目屋面吊顶板材规格尺寸不一、拼装难度大等特点，监理工程师与施工单位一道，运用BIM技术，对板材下料、切割、排布等提前进行模拟，从而将设计效果完美呈现。

5. 机电设备质量控制

针对项目机电设备系统多、功能先进、管线复杂的特点，监理工作重点首先是参加设备进场开箱检查、检验和验收，对照设计图纸和采购合同条款核对设备品牌、参数和相关技术条款的符合性，与采购合同或者设计参数不一致的，未经确认不得使用；其次，在各类管线、构配件和设备安装过程中，严格按照规范和图集要求，利用BIM技术，做好管线综合，优化管线排布，确保安装工程质量；最后，方案把关，采取旁站、巡视等手段全程跟踪设备单机试运转和系统试运行以及功能性试验，保证系统使用功能满足设计要求，并为后续运维管理提供便利。

6. 测量质量控制

新机场航站楼结构复杂，隔震支座的安装、结构转换层的设置、不规则双曲面钢结构屋顶造型等决定了对测量工作的高标准要求。公司配备了专业测量监理工程师和进口全站仪等先进测量仪器。始终保持"严、细、实、勤"的工作态度，提前分析本工程中测量工作的重点及难点，寻找最佳施工测量方法，审核施工测量人员、测量仪器配备的符合性，施工测量方案的准确性和可操作性，督促施工单位对测量控制点的保护，加强对导线点的复核、加密和传递。在施工测量完成后监理独立复核，以此保证了施工测量的精度。

（四）安全文明施工管理

1. 坚持预防为主、安全管理一票否决的原则。建立安全与文明施工监理管理体系，明确"一岗双责、人人有责、齐抓共管"的安全文明施工管理责任制度。

2. 编制有针对性的危险性较大的分

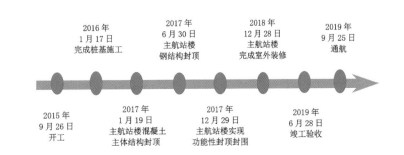

部分项工程的监理实施细则；检查施工单位安全文明施工管理体系、安全生产责任制、安全生产管理制度是否健全有效；重点做好风险源的识别与管控和危险性较大的分部分项工程监理，审查施工组织设计和危险性较大的分部分项工程安全专项施工方案及安全技术措施是否可行；对施工现场采取监理跟踪交底、巡视检查、专项检查、联合检查、验收等管控措施，实现了项目的安全与环境管理目标。

3. 在钢结构焊接过程中，要求施工单位配备满足现场需要的消防器材和看火人，同时严格控制易燃物清理；对于动火作业，加强动火证管理、动火点核查，监理旁站，严防死守，确保"零火情"的安全目标的实现。

4. 在施工脚手架、模架支撑体系验收方面率先实行了多部门、多专业协同进行的班组、分包、总包、监理四级验收制度，使施工脚手架、模架支撑体系的一次验收合格率及安全性得到有效保障。

5. 制定隐患排查治理监理制度，建立隐患排查治理组织机构，将隐患排查治理工作层层分解，落实到人。每周对隐患数据进行统计、分析，督促施工单位落实管控措施及隐患自查自改。

（五）进度控制

在项目实施过程中，做到对工程进度总控目标进行科学分解，明确里程碑节点目标，高度重视关键线路的管控，配备专人每日对施工进度情况检查、统计，并与施工计划进行对比分析，发现问题及时组织采取措施进行纠偏。以日

进度保周进度、周进度保月进度等的分级目标控制。航站楼项目自2015年9月26日开始土护降施工，至2019年6月30日质量竣工验收完成，在短短3年9个月的时间里，全体参建人员共同努力，创造了一个个的"不可能"，最终圆满完成各节点目标，确保了工程总目标的实现，创造了"中国速度"。

（六）造价控制

为了高标准做好造价控制工作，监理配备了多名严谨细致、造价控制经验丰富的合约和计量工程师，对航站楼项目施工阶段实施了独立的清单核算、工程款支付、变更洽商以及索赔管理、分阶段结算审核等造价控制工作。

1. 熟悉设计文件和合同内容，精读并掌握合同条款，运用项目造价管理系统（简称"BJJCPMS"）进行全过程造价控制工作。

2. 以合同清单量为过程控制依据，根据已完且验收合格工程数量，作好过程进度款细致、精确的支付审核。

3. 严格设计变更、现场签证审核和会签程序，作好变更洽商管理。

4. 及时完成分阶段结算审核工作。

（七）BIM信息技术的应用

项目监理部成立了BIM小组，总监理工程师任组长，总监代表任副组长，组员由钢结构专业、水暖专业、机电专业、幕墙专业、市政园林专业、造价专业工程师组成。

在监理工作中，充分实施和应用BIM技术协同管理，对施工单位的深化

成果进行复核，将模型数据和信息与现场进行比对、分析和判断，提高监理工作成效。

（八）注重项目人员学习培训

航站楼项目涉及新材料、新工艺、新设备，为了提升项目监理人员专业技术水平、监理业务能力和职业道德水准，本着学以致用的原则，公司及项目部分别组织了形式多样、注重实效的培训和学习活动，一方面为项目服务，同时为企业沉淀了底蕴，培养了人才。

（九）充分发挥制度、会议作用

严格落实监理例会、内部会议、专题会议，首段首件验收、联合检查、隐蔽工程验收前专业会签、安全一票否决等制度。对现场存在的质量、安全、进度等方面的问题，及时召开相关会议，分析每一项问题产生的原因，制定相应措施，限期完成整改，并安排专人持续跟踪问题解决。

（十）充分发挥公司专家组的作用

公司专家组帮助项目进行风险分析，审核施工方案，审核重要分部分项工程的监理控制措施，及时帮助解决项目监理工作存在的问题。

（十一）检查与考核

公司根据项目特点制定针对性的检查计划和检查表，分阶段列出重点检查内容，公司每月对项目监理工作检查不少于两次；每季度对项目全员进行考核；依据检查、考核结果进行评比，奖优罚劣，激发了项目人员工作热情，提高监理人员工作水平。

以满足客户需求为核心目标是监理向全过程工程咨询转型的必经之路

李杰

湖南省工程建设监理有限公司

摘　要： 工程监理回归咨询服务的本质是监理向全过程工程咨询转型升级的前提，也是必经之路。咨询服务的内涵和核心是技术服务，即以满足客户技术服务需求为核心目标，以咨询团队的技术服务能力为要素，以企业及团队承担一定的法律风险和社会责任为载体，以脑力劳动为主的智力密集型技术服务。全过程工程咨询是以全过程项目管理为核心的全产业链有机结合的综合性服务方式。本文通过分析监理行业的困境及发展现状，提出应整合各种咨询模式的优势，确定监理向全过程工程咨询发展的必经之路，并提出转型发展的最终目标。

关键词　工程监理　全过程工程咨询　全生命周期　咨询产业链整合

监理存在的意义是客户对监理服务有需求，以此为中心，满足客户的需要才能体现自身的价值。目前监理行业发展正在经历最困难的时刻，往高端发展，扩展产业链，受到资质、能力、人才等因素的制约，困难重重。维持现状很难不被时代的进步所淘汰，重复低水平发展早已证明此路不通，那么监理企业转型的路在何方。首先必须树立以满足客户需求为核心的指导方向，其次必须明确实现路径和具体服务内容，得到认同才有方向，最后自下而上、由内及外的进行整合才能更好地满足客户的需求，才能走向发展的阳光大道。

一、中国监理行业的现状与困境

（一）监理行业社会认可度、职业认同感普遍较低，业主信任度不足，导致未能达到行业发展的初衷。主要原因和表现如下：

1.市场对监理的需求与行政主管部门对监理的需求不一样。

市场也就是业主对监理的需求是服务，但建设行政主管部门希望监理做的是代替部分监管职能。建筑市场的实质是业主出钱购买建筑产品，在大多数情况下，出资方从角色来说就是项目的实施者和建设者，只是自己没有专业力量所以请专业施工企业来进行产品生产，也就是业主和施工企业（建筑工程的生产者）的利益需求是一致的（国有资本投资项目也是需要尽可能的实现投资效益）。建设行政主管部门要求的是监理对社会负责，对工程质量、安全负责，监管重点是监理履职。但是真实情况是监理无法作为第三方去公正的监督一个有着共同利益追求的甲、乙方，甚至很多项目投资方就是施工方。目前监理的角色和监理对象本身就是矛盾的，监理没有执法权无法去监管聘请自己的投资方及为其生产建筑产品的施工单位。

另外一个角度来说行政监管和投资方之间本来就是猫和老鼠的关系，那么监理作为其中的第三方如何能够得到矛盾双方的认可？目前的监理制度是把监理单位放在建设单位和建设行政主管部门之间，建设单位控制着监理费的支付，相当于抓住了监理单位的七寸，但是在质量安全方面受制于建设行政主管部门，监理两头都受制约，独立自主的开展监理工作无从谈起。因为这样的角色错位以及挂靠横行，加之经营上以资源关系为主导，监理人员无法参与经营自然无法得到合理的利益分配，从业者在低待遇下更加没有职业认同感，信心普遍不足，履职积极性不高。

2. 监理企业和监理人员普遍存在履职能力不足，在潜规则下生存，一个被潜规则的行业一定不是一个成功的行业。

除了一些重点工程、特殊项目，大部分的业主并不需要那么高大上的咨询企业，也不需要投标的人员都能够现场履职，也不需要管理能力有多么强。大部分的业主需要的是能够认真履职、实实在在为业主提出合理化建议、帮助业主解决一些实际技术问题的监理单位，最终是为项目的效益服务而不是对质量安全负责。这也是为什么挂靠横行，但是业主（包括房地产和民营投资项目）的反应并不那么激烈的原因，业主不管是不是挂靠资质，只要现场监理人员能够解决问题就是好监理。当然不能说业主的这种想法是对的，必要的履职是作为责任主体的质量控制防线。但是这样的一个潜规则是一种无奈的选择，也是导致目前监理乱象的源头。

在三控二管一协调中，很多业主把协调作为对监理的主要考核内容，殊不知这种协调角色上很尴尬，实践中大多数所谓的协调就是为了服从大局而不得不退让，最终给社会的印象就是成为了

降低质量标准的帮凶和替罪羊。这样的潜规则不是监理单位的本意却被迫成了潜规则的帮凶，这样的监理如何有社会认可度。

3. 目前监理行业普遍存在人员素质不高、一线人员待遇不高的问题，进而导致服务低下、价格越来越低的恶性循环。目前的监理行业中还大量缺乏真正高素质的监理队伍，因为近年来监理合同价格不断走低，高素质人才进不来这个行业，有些监理单位仅靠临时聘用人员来应急，造成了无证上岗、监理工作不到位、监理工作质量不高等问题。一些以低于成本价中标的监理单位，为获取利润，只能在人员工资等方面来压缩成本，以牺牲服务质量来弥补亏损，从而出现"劣币驱逐良币"现象。由此业主普遍对监理的信任度不足。

（二）监理行业集中度不高导致行业始终处于低水平竞争的现状

纵向对比国际咨询行业的发展，横向对比其他行业的进步，笔者认为一个行业要想得到良性发展，遍地开花之后必须要进行资源整合和集中，因为只有整合资源才能集中力量办大事，才能集中行业精英和力量寻求进一步突破，长期的遍地开花就会演变成低水平重复竞争。目前中国监理企业数量有几千家，就拿上海市来说，8 家监理综合资质企业注册监理工程师占全市总量的近五成，工程监理人员占全市总量的 26.5%，监理收入只占 29.2%。排名靠前的企业市场份额不足，在经营策略上往往只能向下蚕食，陷入低端恶性竞争而无力向上突破。行业集中度不高的原因较多，主要还是体现在政策导向不够明确，关系和资源主导着经营的方向，资质的门槛限制了企业纵向发展等，这些问题的解

决不能一蹴而就，但是也到了必须改革的时候。

（三）业主的需求和监理的定位矛盾

监理从本质上还是一种咨询服务，那么监理企业发展的落脚点就应该是在满足业主合理需求上，但是业主的需求和监理的定位发生了矛盾。因为业主只是需要监理方发现问题和提出解决问题的方法，而不是去承担这个责任，从法律上来说，监理是委托关系，被委托人的过失依旧不能通过监理委托合同免除委托人的责任。监理既不能左右工程款的支付，又不能实施行政执法，就算是业主把责任都加给监理企业又有何作用呢？质量安全更加应该是施工单位的主体责任，业主只要在施工合同中明确了质量安全的奖惩依据，那么监理的作用就是检查和提供奖惩的证明材料，为业主的决策提供依据。但是从行政监管对监理的作用以及法规和监理规范对监理的要求来说，服务的属性弱化了，监督的属性加强了。

目前政策已经在悄然变化，2019 年 9 月 15 日国办函〔2019〕92 号《国务院办公厅转发住房城乡建设部关于完善质量保障体系提升建筑工程品质指导意见的通知》中关于强化主体责任非常明确，就是四点：一是突出建设单位首要责任；二是落实施工单位主体责任；三是房屋所有权人应承担房屋使用安全主体责任；四是强化政府对工程建设全过程的质量监管，鼓励采取政府购买服务的方式，委托具备条件的社会力量进行工程质量监督检查和抽测，探索工程监理企业参与监管模式，健全省、市、县监管体系。质量如此，安全监管更加应该是这样。按照这个发展规律，笔者认为监理的属性会一分为二，监督的属性

通过政府购买服务的方式体现，服务的属性通过业主购买咨询服务的方式体现。

二、监理企业近年来为走出困境所作出的努力

（一）部分企业在渡过了原始探索阶段后，以满足客户需求为目标，依托自身优势不断提升服务能力，逐步由外部机遇型向内部能力型转变。

中国监理制度实施近30年来，部分监理企业脱颖而出，实力不断壮大。这些企业的短期生产经营目标和长期发展战略形成一个良性循环，短期既能够适应市场，在激烈的市场竞争中生存、发展壮大，长期又能够坚定企业的发展目标，不断拓展产业链进而向全过程工程咨询发展，能够吸引人才和培养人才，形成了一定的行业影响力，为监理行业的发展提供了有益的发展模式。其中有的企业抓住机遇不断向高端全产业链发展，整合咨询、勘察、设计、造价、招标采购等资源后向综合性咨询公司转变，涌现了部分能够走出国门的企业。还有部分企业抓住机遇向EPC、PPP等方向发展，都为监理行业的发展提供了有益的思路。

（二）部分监理企业努力向上拓展代建，找到了一个提升企业综合能力和从业人员素质的突破口。

"投资、建设、管理、使用"四位一体的政府投资项目管理模式存在使用单位任意变更建设内容，提高建设标准，扩大建设规模的情况，造成投资失控。缺乏建设工程组织管理的能力和经验，致使项目管理混乱无序，难以保障项目工期和工程质量等问题，实行项目代建制度目的就是解决上述问题。《国务院投资体制改革方案》指出："对非经营性政府投资项目加快实行代建制，即通过招标等方式，选择专业化的项目管理单位负责建设实施，严格控制项目建设、质量、工期，建成后移交给使用单位。"2005年5月25日，国家发改委下发了《关于进一步加强中央党政机关等建设项目和投资概算的通知》，要求加快推进"代建制"。截至目前，全国47个副省级以上地区已有45个地区（除吉林省、内蒙古自治区）开始了代建制试点和推进工作，其中，有29个地区出台了代建管理的规范性文件。代建制作为一种制度创新，各地实行的模式也不尽相同，统计分析39个地区代建制的实施模式，82%是采用市场化企业型（分散）代建模式，18%是采用政府机构集中代建模式。

目前很多地方的监理企业借助多年来取得的项目管理经验大力拓展代建业务，虽然困难很多，但是总体来说还是机遇大于困难。困难主要受限于财政部门的强势导致代建取费标准不高、使用单位（往往是各行政事业单位）的强势导致履职的积极性和能力不足、社会认知度不高导致工作开展碰壁较多、人才素质不高导致管理水平得不到认同、社会环境导致招投标干扰因素多甚至出现上下游勾结现象。机遇主要体现在拓展了企业战略发展思路、依托项目培养高素质的全过程项目管理人才、拓宽了企业的产业链和管理水平。笔者所在的省份有少量企业抓住代建制实行的机遇，成功实现了战略转型，由单一的监理企业向综合性咨询企业发展。

（三）部分发达地区依托政策的干预，抓住机遇提升行业的门槛和形象，形成了显著的示范效应。

目前综合实力排名全国前100的监理企业，上海有20家，北京有18家，广东有11家，三地就占据了近50%，这些地方监理行业开放程度高，企业发展动力足，开拓外地市场能力强，并且全国有影响力的大企业2/3来自这三个省市。这些地区企业发展既依赖于地方经济的快速发展，也从政策的干预中收益。

上海市的监理企业发展一直是走在全国的前列，自2011年12月1日起施行的上海市人民政府令第72号《上海市建设工程监理管理办法》第十一条明确规定：依法必须实行监理的建设工程，监理收费标准按照国家规定的上限执行；其他建设工程的监理收费实行市场调节价；建设单位应当在建设工程项目专户中单独列支建设工程监理费，监理费不得挪作他用。因为有了这样的政策依托，上海的监理市场发展明显比中西部要成熟很多。

三、监理向全过程工程咨询发展的必经之路——以满足客户需求为核心目标、明确实现路径和核心服务内容、由内及外的进行产业链整合

（一）监理行业转型升级的有益借鉴——中国手机行业的转型升级

中国手机行业经历了引进、吸收甚至山寨的弯路，但是目前却超过了一切竞争对手引领着世界第五代通信技术的发展。手机产业转型升级走过山寨的弯路，也走过没有核心技术的窄路，但是一旦走向了品牌升级和自主研发核心技术的大道，就干脆利落摆脱了对贴牌机、合约机的依赖，确定了满足客户对产品的需求是行业发展的核心目标，进而真

正让有技术研发能力、战略发展方向的企业崛起。随着行业集中度的不断提升，资金和技术不断汇集使得企业能够进一步聚焦于客户的需求从而不断带动整个行业的转型升级。这样的发展路径非常值得中国咨询行业的转型升级借鉴，也就是必须明确以满足客户需求为核心目标作为转型升级的路径。

（二）明确全过程工程咨询实现路径的前提是要整合并存的几种模式的优点。

从客户的需求出发，目前并存的项目管理、监理、代建等模式中，能够满足客户全过程工程咨询需求、应该得到保留的服务清单有：一是监理行业近30年发展积累的对质量安全管理的大量可操作性的工作内容；二是代建行业10余年发展积累的对前期策划和设计管理，以及以不突破概算为核心的全生命周期的造价控制工作内容；三是项目管理和代建行业在开工前以专业技术服务为载体的咨询、评估、报建等前期技术服务内容；四是各类监理企业在招标采购代理、造价咨询等方面延伸所积累的增值服务内容。这些都应该得以保留并强化为全过程工程咨询的标准服务清单。以实现服务清单为明确目标，才能确定产业的发展方向，企业才能有的放矢，并倒逼企业由内及外的整合人力资源，从而突破资质和业绩的门槛，打造具有服务意识的咨询团队。

（三）全过程工程咨询服务的核心内容。

规划咨询、项目咨询、评估咨询等前期策划，是属于宏观层面的，方案设计和初步设计等前期设计环节属于宏观层面的策划延伸，这些环节本质是为项目的投融资提供决策依据，为项目建设提供技术方案，更多是偏向于财务融资

策划和方案策划，与工程建设管理咨询的实体内容关联不大。目前的情况下前期策划更适合作为工程咨询向前的延伸，或者作为实施全过程工程咨询的前置条件，而不是全过程工程咨询实施的必要条件和核心内容。

目前的全过程工程咨询更多的强调内容的全过程，而忽略了全过程的本质是全生命周期。全过程工程咨询的核心是指的时间轴上的全过程也就是全生命周期的全过程项目管理，而不是服务内容的全包含。目前咨询行业对于全过程工程咨询的理解和实际操作过于偏向内容的全包含，没有突出全生命周期的策划，也没有凸显项目管理整合各单项咨询的意义。从投资效率的角度来说，前期投入少则必然后期维护费用多，前期投入多则后期维护费用少，绝大部分情况下前期投入少会导致全生命周期的成本高，但是行业对此认知远远不足。目前老百姓对房地产行业的抱怨很多，很多小区交付使用没有多久，各种维修不断扰民，其实民众真正明白了全生命周期成本的理论后大都会赞同在不增加全生命周期成本的情况下把前期投入做足做好。全过程工程咨询必须有益于全生命周期投资效益的提升才能体现价值，咨询服务包含技术咨询服务和管理咨询服务，技术服务需要服从于管理咨询才

能更加高效，因此投资效益的提升必须依赖于一个强有力的管理咨询来整合咨询的各个环节，这个管理咨询服务就是全过程的项目管理。

全生命周期的全过程项目管理是全过程工程咨询的核心内容明确后，就引出了全过程工程咨询服务的价值实现路径，那就是以项目管理为核心、以策划和设计为先行、以造价融入设计管理为难点、以提供一体化工程定义交付文件为重点、以全过程实物工程量清单招标为突破口、以最低评标价中标并签订合同为焦点的路径。图1所示即为前期策划阶段的全过程工程咨询价值实现路径，即在前期策划阶段以最优的合同价格实现业主的产品需求。EPC、设计施工总承包呼喊全过程工程咨询不是一句口号，而是业主实实在在的核心需求。

（四）突破资质限制，由内及外的进行咨询产业链整合

当前推进全过程工程咨询，大多数是碎片化的将咨询"拼接"后以全过程或分阶段咨询的面目出现。全过程工程咨询从内涵、实质上也完全不同于监理和代建。目前全过程工程咨询对资质的要求过高，招标时往往需要具有勘察、设计、监理、造价等所有资质，目前大部分的企业只能通过联合体的方式实现初步的资源整合，但是依旧是碎片化的

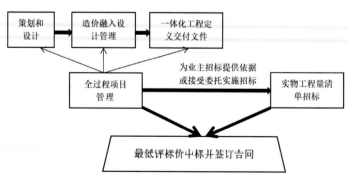

图1　前期策划阶段的全过程工程咨询价值实现路径

临时整合，实施起来更是"貌合神离"。全过程工程咨询的资源整合应该是由内而外，即由内在的资源整合需求（包括业主对产品的需求和企业自身转型升级的需求）出发去进行外部的资质和人员的整合。目前企业资质的整合却是由外而内，即为了满足全过程工程咨询的需要先进行资质和人员的整合，再进行内在的资源配置以满足表面上的需要，这并不利于企业的转型升级且转型升级成本太高。

现实的路径应该是有实力的企业在其实施全过程工程咨询的过程中通过转委托、分包等形式进行资源整合，最终通过市场机制促成一批富有经验的全过程工程咨询企业的诞生。譬如是先有了工程总承包，再由工程总承包方去整合各分包商、材料设备供应商一样。工程总承包改革的方向是具备单一资质即可承接工程总承包，那么全过程工程咨询的改革方向也是单一资质即可承接项目，再由内而外的进行资源整合，达到市场决定资源配置的效率最大化。这一点需要行业统一认识从而推动产业链的整合。

四、监理企业向全过程工程咨询转型发展的障碍

（一）目前中国监理企业发展的障碍既有政策的原因，也有人才缺乏的现实原因，但是本质上还是监理人的问题。需要关注的是监理行业总是习惯于被动的接受政策而不是主动的去影响和改变政策，目前需要去打破这种惯性思维。咨询人才的缺乏有三个原因，一是从外部来说缺少机遇和土壤，笔者认为一位本科毕业的学生如果一开始就在全过程、全流程的咨询项目中锻炼，完全可以摆

脱局限于一隅的格局，成长为全过程工程咨询的人才；二是从内在来说缺乏破局的动力，咨询行业总体来说在政策的保护下缺乏外部竞争，只要是从事这个行业都不愁生活，行业中有忧患意识、经学致用的人才少之又少，大多数从业者都是活在所谓的潜规则下不思上进；三是竞争激烈但是收入较高的房地产行业、社会地位更高的城投公司等业主单位分流走了大部分有经验的成熟人才。政策的不规范导致人才不能成长进而流失，那么只有规范全过程工程咨询的发展思路和发展目标，才能进一步的吸纳人才，促进行业的发展。

（二）目前中国太多的代建平台公司、超级业主制约了咨询行业的发展。社会分工的需要是咨询行业存在的前提，如果没有资质的门槛，本质上业主都有自己作咨询的强烈冲动。很多代建平台公司的项目管理和咨询能力很强，也有很多房地产公司发展了自己的全产业链，他们的下属部门和公司可以包揽所有全过程工程咨询的业务。但是这样的自行包揽一定是摧毁了社会分工带来的高效率协作，譬如美国发动的贸易战本质上摧毁了国际产业链的协作发展，损害的是全人类对产业效率提升的渴求，可以说是损人而不利己。代建平台公司、超级业主他们也一样，他们很少能够自己培养人才，基本都是靠吸纳咨询行业的

精英来发展，表面上依靠高薪挖来的人才无所不能，但客观规律上内部全产业链一定会导致内部利益固化，从而走向封闭的弯路。一个行业发展的动力在于开放和包容，当他们有一天没有外部咨询人才可以吸纳，内部人控制全产业链的时候，就只能走向封闭和死亡。这些超级业主的存在严重阻碍了咨询行业的发展，业主什么都可以自己做还需要全过程工程咨询吗？所以从社会分工的角度扶持全过程工程咨询就必须打破这种局面，需要从法理上明确咨询行业社会分工的合法性，从制度上建立产业链的分工机制，从而让咨询行业有发展的动力和土壤。

（三）监理工程师向咨询工程师转变需要改变其尴尬的主体地位

目前中国法律体系中，对于咨询工程师尤其是监理工程师的界定，认为是介于业主方和承包方之间的独立第三方，但是大量的实践证明，尽管合同中要求咨询工程师依法依规公正处理各种问题，但由于其受聘于业主，这种矛盾身份导致咨询工程师很难做到独立和公证。此外许多争议本身就是由于业主委托咨询方给出但被承包商认为不正确的决定而引起，因此咨询工程师的定位必须进行改变，这种转变在FIDIC条款中已经得到了体现。如图2所示，FIDIC条款的更新中，咨询工程师作为业主委托的项

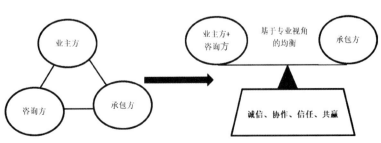

图2 FIDIC对咨询工程师的定位转变示意图

目管理者这一角色进行了强化,三方的关系不再是相互制约的三角形关系,而是趋于双方均衡的天平模式,但是这种转变只是从专业视角上的均衡而已,并非双方力量的对比。在工程保险等制度的支撑下,当诚信、协作、信任的文化在主导项目运行时,业主方与承包商之间的对立博弈会逐渐成为合作式竞争,工程总承包从本质上来说也是要将博弈变为合作式竞争。只有业主方与承包商之间的关系转变了,咨询工程师的角色才能更加明确,真正把满足客户的需求作为核心目标。

五、全过程工程咨询的发展目标

小米公司创业 9 年即成为世界 500 强企业,它的经营理念就是和用户交朋友,把用户变成朋友,它工作核心是坚持做感动人心、价格厚道的好产品,它的目标是要获得用户无限的信任,从而建立流畅的商业逻辑,打造企业核心竞争力。

这样的逻辑同样适用于咨询行业,作为全过程工程咨询企业的发展目标,只有首先满足了业主的服务需求,才能获得业主的信任,才能谈进一步的发展,否则全过程工程咨询就是空中楼阁。笔者说的满足客户需求是必经之路但不是终极之路和发展目标,终极之路应该是以咨询的专业服务来主动引导和帮助业主进行科学决策而不是被动的满足业主的需求,只有主动满足了业主的各项服务需求,才能进而真正的取得业主的信任、理解。全过程工程咨询的发展目标是融合并打造既有服务意识,又有服务能力,还有服务战略的咨询企业和咨询团队,并最终靠工程咨询行业本身的发展理念来引领建筑行业的发展。

参考文献

[1] 李武英. 监理 vs 设计、发改委 vs 住建部! 解读全过程工程咨询背后的"博弈"[J]. 建筑时报, 2019(4).

[2] 马升军, 徐友全. FIDIC 对咨询工程师的定位转变及其经验借鉴 [J]. 建设监理, 2009(4).

[3] 王宏海. "有机式"全过程工程咨询案例比较研究 [J]. 中国勘察设计, 2019(5).

关于建设工程监理法律责任风险防范的思考

宋雪文

摘　要：近年来，个别监理单位和人员因未履职到位受到行政处罚甚至追究刑事责任，值得行业警醒。本文从案例入手，介绍了建设工程监理法律责任风险的种类，对产生建设工程监理法律风险的成因进行分析，并针对性地提出监理单位和人员避免法律责任风险的几点建议。

关键词　监理责任　法律风险　防范

建设工程监理是指工程监理单位受建设单位委托，根据法律法规、工程建设标准、勘察设计文件及合同，在施工阶段对建设工程质量、进度、造价进行控制，对合同、信息进行管理，对工程建设相关方的关系进行协调，并履行建设工程安全生产管理法定职责的服务活动。建设工程监理的正确履职是工程质量的重要保障。如果监理单位和监理人员不能按照国家法律法规及合同的约定履行职责，则需要承担相应的责任。近年来，监理行业发生了一些监理单位和监理人员受到责任追究的情况，数量虽然不多，但很值得行业警醒。吸取案例教训，从而有效规避监理履职中的法律责任风险，是促进行业改革发展的重要方面，也是值得研究的重要课题。

一、案例

（一）2013年2月1日晚，某市综合客运总站站务楼工程在混凝土浇筑过程中，售票大厅高大模板支撑系统整体坍塌，正在屋顶浇筑混凝土的施工人员随塌落的支架和模板坠落，部分工人被塌落的支架、模板和混凝土浆掩埋，造成3人死亡，8人受伤。该事故发生过程中，在未履行监理签字手续的情况下，监理单位未下达停工令，也没有向建设单位和建设主管部门报告。事故发生后，监理人员闫某某因犯工程重大安全事故罪，被判处有期徒刑2年，并处罚金人民币2万元。

（二）2006年，某市西西工程4号地项目，在进行高大厅堂顶盖模板支架预应力混凝土空心板现场浇筑施工时，模板支撑体系坍塌，造成8人死亡、21人受伤的重大伤亡事故。监理人员吴某某、吕某某因未按规定履行监理职责，被判处有期徒刑3年，缓刑3年。

（三）2013年1月，在某市热电公司生产楼实验综合办公楼工程工地，某建设（集团）有限公司在进行5层顶板混凝土浇筑施工时，模板支撑体系坍塌，造成1名作业人员死亡、6人受伤的生产安全责任事故。事故中，张某作为该项目的总监理工程师，在对安全专项方案实施情况进行现场监理时未能履行监理职责，发现事故隐患后虽要求施工单位整改，但施工单位拒不整改继续进行施工，该情况未及时向有关主管部门进行报告，违反了《建设工程安全生产管理条例》第十四条第二、三款的规定，对事故发生负有监理责任。根据《建设工程安全生产管理条例》第五十八条的规定，住房城乡建设部给予停止注册监理工程师执业 12 个月的行政处罚，同时收回执业印章。

（四）2013 年某市纺织有限公司厂区纺丝车间工程，浇筑三层梁板混凝土过程中，模板支撑系统发生坍塌，造成 3 人死亡、4 人受伤，监理单位某工程管理有限公司未认真履行项目监理职责，项目监理工作失控失管，减少现场管理人员数量；未认真审核各专项施工方案和施工组织设计，对施工单位违反工程建设强制性标准的行为未依法实施监理，违反了《建设工程安全生产管理条例》第十四条之规定，对事故发生负有监理责任。根据《建设工程安全生产管理条例》第五十七条之规定，住房城乡建设部决定给予监理公司房屋建筑工程监理资质由甲级降为乙级的处罚。

二、建设工程监理法律责任风险分析

从法律角度来看，建设工程监理的法律责任风险可以分为行政责任风险、刑事责任风险及民事责任风险。上述案例 1、2 中的监理人员因履职不到位被判处刑罚，案例 3、4 中的监理人员和监理单位因未认真履行项目监理职责受到行

政处罚。除此之外，还有一些监理单位因为履职不力被判决对项目建设单位进行民事赔偿的情况，这种情形更为多见，笔者在此就不再举例说明。

（一）建设工程监理的刑事责任

建设工程监理的刑事责任是指工程监理单位在工程施工中违反国家规定，不正确履行法律规定的监理义务，降低工程质量标准，做出对重大安全事故具有直接或者间接影响的行为而受到刑事处罚。刑事责任主要在《刑法》《建筑法》作出具体规定。例如：

《刑法》第一百三十七条工程重大安全事故罪规定："建设单位、设计单位、施工单位、工程监理单位违反国家规定，降低工程质量标准，造成重大安全事故的，对直接责任人员处 5 年以下有期徒刑或者拘役，并处罚金；后果特别严重的，处 5 年以上 10 年以下有期徒刑，并处罚金。"这是对监理单位刑事责任的规定，如违反将对直接责任人员进行处罚。

《建筑法》第六十九条规定："工程监理单位与建设单位或施工企业串通，弄虚作假、降低工程质量的，责令改正，处以罚款。降低资质等级或者吊销资质证书有违法所得的，予以没收；造成损失的，承担连带赔偿责任；构成犯罪的，依法追究刑事责任。"该处所说的犯罪即是指《刑法》中重大责任事故犯罪的规定。

（二）建设工程监理的行政责任

建设工程监理的行政责任主要是指工程监理单位在工程施工中，违反监理方面的法律法规，造成一定的严重后果，而受到国家行政主管部门行政处罚。行政责任主要在《建筑法》《建设工程质量管理条例》等相关法律法规中作出规范。如《建筑法》第三十二条规定："建筑工

程监理应当依照法律、行政法规及有关的技术标准、设计文件和建筑规模承包合同，对承包单位在施工质量、建设工期和建设资金使用等方面，代表建设单位实施监督。工程监理人员认为工程施工不符合工程设计要求、施工技术标准和合同约定的，有权要求建筑施工企业改正。"第三十四条规定："工程监理单位应当在其资质等级许可的监理范围内，承担工程监理业务。工程监理单位应当根据建设单位的委托，客观、公正地执行监理任务。"

以上都是《建筑法》对监理单位的强制性规定，一旦违反就必须承担相应的责任，接受相应的处罚。如上文中《建筑法》第六十九条的规定。此外，《建设工程质量管理条例》第七十二条规定："违反本条例规定，注册建筑师、注册结构工程师、监理工程师等注册执业人员因过错造成质量事故的，责令停止执业 1 年；造成重大质量事故的，吊销执业资格证书，5 年以内不予注册；情节特别恶劣的，终身不予注册。"

（三）建设工程监理的民事责任

建设工程监理的民事责任主要是因监理单位和监理人员未履行监理合同约定的义务或侵害业主利益而承担的责任，如违反监理合同，未对施工实施有效监督，造成了业主的损失；又或者超越合同授权，不正确实施监理，造成了业主的损失；又或者在履职过程中侵犯业主利益。民事责任承担主要依据《建筑法》《民法通则》《合同法》及《侵权责任法》。如《建筑法》第三十五条规定"工程监理单位不按照委托监理合同的约定履行监理义务，对应当监督检查的项目不检查或者不按照规定检查，给建设单位造成损失的，应当承担相应的赔偿责

任。工程监理单位与承包单位串通，为承包单位谋取非法利益，给建设单位造成损失的，应当与承包单位承担连带赔偿责任。"

三、建设工程监理法律责任风险的规避

前文中所列举事例产生法律责任风险的成因各不相同，虽然有施工市场不规范，施工队伍管理混乱、无视监理单位指令等诸多外界影响因素，但监理履职不到位、违反工程建设强制性标准等监理自身方面的原因仍然值得特别关注。监理行业目前面临着竞争压力过大、"责权利"不对等等问题，个别监理企业采取恶意降低价格获得项目，中标后为了避免亏损又拼命采取各种降低成本的方法，也有个别监理企业责任心不强，或人员不到岗，或与施工单位串通一气。监理企业履职不到位造成的安全事故虽然不多，但是影响却十分恶劣。目前，监理行业改革正在如火如荼的进行，行业内发生的法律责任追究可能影响整个行业的士气。

近日，住房和城乡建设部与应急管理部联合印发《住房和城乡建设部 应急管理部关于加强建筑施工安全事故责任企业人员处罚的意见》（以下简称《意见》）。《意见》要求推行安全生产承诺制，严格落实建筑施工企业主要负责人、项目负责人和专职安全生产管理人员等安全生产责任，强化责任人员失信惩戒，有效防范安全生产风险，坚决遏制较大及以上生产安全事故。这对规范建筑市场及施工单位的管理将发挥积极作用，监理的外部环境可能得到改善，与此同时，监理更应从自身做起，避免监理法律责任风险。

笔者认为，监理行业应当从以下几个方面做起。

一是落实监理单位职责。监理单位应诚信守法，严格履行合同义务，行使法律法规、合同授予的权力，加强队伍建设，提高综合素质，建立健全工程质量和安全生产监督管理体系，提升监理工作水平；提高现场监理人员的安全意识，加强对现场项目监理机构的工作监督检查与指导，合理配备相应工程监理人员，保证专业配套、人员到位，切实履行工程监理职责；要重视"报告制度"，对影响大、危险大的事项必须要报告，防范自身法律风险；提高职业道德水平，切实落实总监理工程师质量终身责任制。

二是加快推进信息化和诚信体系建设。加快市场主体信用信息平台建设，完善市场主体信用信息记录，建立信用信息档案和交换共享机制，积极推动地方、行业信息系统建设及互联互通，构建市场主体信息公示系统，实行信息公开，探索开展工程监理单位、监理人员信用评估，逐步建立"守信激励、失信惩戒"的建筑市场信用环境。

三是建立工程安全监督专项机制。借鉴英国经验，建立工程安全监督专项机制，鼓励一批中小型监理单位做专做精，允许其单独承接工程施工阶段安全监督专项工作，履行建设工程安全生产管理的监理职责。

四是在监理行业开展警示教育。鼓励各地行业协会、监理企业持续开展警示教育，学习法律法规，将监理企业、人员受到刑事处罚、行政处罚以及付出重大民事赔偿的案例编纂成册，"以身边事教育身边人"，切实提高广大从业人员的法律素养、职业修养。

参考文献

[1] 中国建设监理协会 .GB/T 50319—2013 建设工程监理规范 [S]. 北京：中国建筑工业出版社, 2013.
[2] 王家远、林晓明 . 基于中国法律制度下的监理责任研究 [J]. 建筑经济, 2003 (03)：23—26.

工程监理在工程建设"鲁班奖"中的作用和工作方法探讨

李庆强

山东省建设监理咨询有限公司

中国建筑工程"鲁班奖"是中国建筑质量最高奖,在建筑过程中,参建各方应按鲁班奖标准,从组织架构、方案流程、现场管理、项目部团队建设等各方面进行各自职责内的工作,从而达到鲁班奖的目标,笔者连续监理了济南恒隆广场和鲁能领秀城商业综合体两个项目,均获得了"鲁班奖",现分享一些监理在工程建设中的运作和体会

一、工程概况

济南恒隆广场占地面积约 52600m²,总建筑面积约为 255800m²,本工程项目地上八层,地下二层,建筑总高度为 50m。工程投资总额约 30 亿元人民币,2008 年 2 月 14 日开工,2011 年 11 月 30 日竣工。为香港恒隆地产投资,管理基本沿用英国管理模式,为高度的项目管理模式,以建筑师为中心,分工明确,职责清楚,管理细致,严格以合同为管理依据,在工作中,深刻学习了香港的工作方法和程序,吸取其工作经验。该工程被评为"山东省安全文明工地""山东省优质结构"和"鲁班奖"工程。

鲁能领秀城商业综合体是以酒店、办公、商业、服务式公寓为一体的城市综合体。总建筑面积为 408822m²,其中 1 号服务式公寓塔楼建筑物总高度为 128.00m;2 号办公及酒店塔楼建筑物总高度为 184.60m;3 号商业综合体裙房地上建筑面积为 154629m²。建筑物总高度为 28.0m。工期为 2011 年 10 月至 2016 年 9 月 30 日。该工程被评为"山东省建筑工程安全文明示范工地""山东省优质结构杯"和"泰山杯"工程,2017 年被评为"鲁班奖"工程。

二、主要监理工作

按照投标承诺组建了以总监为首的项目监理部,对两个工程的所有建设内容进行全过程监理。在总监理工程师的统一组织和安排下,项目部人员专业配套齐全,搭配合理,在项目建设的各个阶段,依据信息系统过程监理有关的国家政策、法律、法规、标准、规范,建设单位与承建单位签订的项目建设合同、相关资料,建设单位与监理单位签订的监理合同对工程的质量、进度、投资、变更进行控制,对项目的合同和信息文档资料进行管理,在业主的正确领导、大力支持和施工单位的密切配合下,全体监理人员认真贯彻"诚信、守法、公正、科学"的监理方针,秉承"严格监理、热情服务"的监理宗旨,根据监理合同规定的监理工作范围和业主的各项具体要求,对工程进行了严格、认真的

全过程监理。定期召开监理例会,检查各项工作的完成情况,协调解决存在的问题;不定期的向用户提交阶段总结,及时把握项目存在的问题并提出监理建议;公平公正地协调处理项目实施中遇到的问题,确保了工程建设的质量。项目监理部全面履行了监理委托合同赋予的义务和责任,严格遵守以工程"三控"目标为方向,以"三管、一协调"为手段,为建设单位提供优质的监理服务。以顾客满意率 100%,监理旁站率 100%,合同履约率 100% 为目标,圆满完成了本工程的监理任务,监理工作控制目标达到合同要求。

三、项目监理部团队建设及工作方法

(一)落实精细化管理

一是管理理念精细化。下移管理重心,建立基层管理者现场值班长效机制,减少中间管理环节,保证反馈信息不失真,突出服务、执行职能,做到情况在一线掌握,问题在一线解决、纠正,隐患在一线排除,决策在一线验证,执行在一线监督,人心在一线凝聚,智慧在一线汇集。二是管理过程精细化。一个完整的管理活动应包括决策、执行、验证、整改四个环节,改变基层管理者只

决策不验证、只发号不施令的弊病，延伸管理触角，推行"全程管理工作法"，做到每一项管理活动都决策科学、执行高效、验证及时、整改到位。三是考核激励精细化。根据公司绩效考核的标准和要求，完善绩效考核办法，建立各岗位绩效考核机制，提高考核评价的科学性、公正性、客观性、准确性。

（二）制定规章制度

管理制度精细化。完善工作制度，优化操作流程，量化规范要求、质量指标；部门人数过少，靠兄弟情义，靠个人魅力，可以团结大家把事情做好，但是人数过多，就必须靠制度管人，必须制定一些规矩。要充分尊重他们张扬的个性，让他们觉得在部门上班是一件比较快乐、有幸福感和成就感的事情，在规章制度上面需要再适度加一些人性化的管理。比如考勤，可以允许一个人加班以后，按本人工作的情况适当调休，而且按加班时间给与2倍的工资。另外，项目部的红线是不允许出现不互助的情况，如果别人有求于你，你无法解决或没有时间处理，找你的领导或者上级领导去协调，而不是不闻不问，将出现这种情况的人立刻辞退。

（三）打造项目部文化

靠制度管人，靠文化留人。项目部人数过多，每组织一次活动都比较费力费时，这个时候需要打造出项目部独有的文化。所以公司项目部每周组织一次内部学习，根据项目的进展情况，提前学习国家规范、规程、标准及施工方案进行讨论，总结上一周的工作，安排下一周重点，统一思想，统一工作标准。不定期举行聚餐等。为了巩固大家的知识，开拓视野，还邀请其他部门的领导进行内训，邀请一些外部机构进行培训。组织参加其他工地的

观摩，吸收借鉴其他单位的优良做法。除此之外，每个月坚持花2~3天进行全员沟通，鼓励下属大胆表达自己的想法，甚至对项目的意见和对领导的批评，这样可以及时改进和优化做得不好的地方，也让项目部成员感觉到了尊重。打造分享文化，也会在座谈会分享一些经验之谈。比如分享总结出来的项目跟进经验；当业主出现问题进行责骂的时候，请保持自己的情绪，不要和对方辩解，尽量道歉，业主不理解或者抱怨的时候，要跟他沟通；有些与业主口头的协议或者业主不合理需求，必须通过邮件及文件方式向业主确认，防止事后扯皮。有时候有些事情做不了的时候，不要直接生硬地跟业主说做不了、不能做，要尽量委婉表达。

（四）队伍建设精细化

走出仅仅把队伍建设等同于学习培训的认识误区，树立全面、科学的队伍建设理念，建立健全"队伍建设五大机制"，即人才发现机制、人才培养机制、人才使用机制、人才考核机制、人才激励机制。导师制：新人进来指定一名老师（一般是项目主管或者组长）进行培养，新人入职第一天，进行公司发展历程、行业发展、公司文化、岗位职责、项目流程、项目工作方式等培训。轮岗制：允许主管或者组长挑战自己，在合适的时机进行其他岗位轮岗，只有经历过各种岗位，思考问题的角度才能全面。

作为项目总监，必须有两个以上合适的主管人选进行培养和考察。可以布置一些任务给他们，看他们的反应情况和完成效果。带着他们和客户打交道，让他们主动和业主沟通，观察随机应变能力。尝试让他们进行部门月度总结和员工谈心。不要担心他们做不好，只要把控好风险就行。通过两个项目的运作，

从项目部成长起来了6个项目总监和项目负责人，其他监理人员岗位和能力也得到了极大的提高。

（五）学会及时上传下达

凡事事必躬亲，只会让自己殚精竭虑，项目总监更多的精力是去处理大家搞不定更复杂的事情，比如跨部门沟通、业主特权处理、安抚业主情绪、培养接班人等。

上传：每个月需要整理好项目跟进成果、未完成的原因、团队表现等，及时跟领导汇报沟通，而不是被动等待领导过问。

下达：各项会议开完之后，务必将目标和步骤告知部门每一个人，及时有效沟通，而不是想当然认为每个成员都会清楚。另外，时刻强调团队的力量，一个人的任务完成不算完成，只有团队的目标达成才算完成。根据公司的绩效考核标准，通过业主的满意度进行员工绩效评估，项目人员每跟进完一个项目，让业主对项目跟进过程的响应速度、完成效果、服务态度等进行打分，这样的话，一方面可以调动项目成员的积极性，另一方面真正做到了以用户为中心，提升用户满意度。

其身正，不令而行，其身不正，虽令不从，总监就是项目部的"天花板"，一言一行都必须谨慎。言必行，行必果。

四、监理工作的措施和效果

（一）工程监理质量控制

工程质量控制是监理工作的一项重要内容。尤其质量目标为"鲁班奖"的项目。要始终以施工及验收规范、质量验收及评审标准为依据，督促承建单位实现合同约定的质量目标。

1. 工程开工伊始，监理项目部即多次组织参建各方公司及现场项目部召开讨论会，分析方案、讨论措施、编制制定"工程创优规划"。并在建设过程中严格落实实施。

2. 工程建设方面严格审查承建单位的质量管理体系，检查分包单位的资质（如消防系统），严格审查承建单位的"施工组织设计"及各项施工方案并提出合理化建议，项目的"监理规划"和"监理实施细则"，根据项目的特点难点及重点进行有针对性的编制，并严格落实实施。

3. 实行了严格的材料、设备、配件的报验制度，要求施工单位填写"报验单"报监理部审核，不符合要求或不合格的产品坚决不允许用。在施工过程中实行巡回检查、旁站监理及平行检查等多种手段。每完成一个分项工程，都要求施工单位先进行自检，自检合格后再报监理部签认，符合要求后才能进行下一道工序施工。对于隐蔽工程更是要检查合格收才能封闭。

4. 在现场的实测实量控制方面，结合建设单位"第三方检测"方案，与业主项目部展开互检工作。济南恒隆广场和鲁能领秀城商业综合体项目的建筑，立面为弧形组成，整个建筑呈不规则的形状，给工程测量带来相当大的难度，特别是弧形立面放样定位等。另外测量精度也是控制关键点，因为测量仪器、人为因素造成的测量误差，会给最终的测量成果带来很大的影响。经过多种有效的措施和严格的管理，主体结构测量得到了业主及政府建设部门的一致好评。

5. 质量销项制度。项目部制定了质量销项制度，监理人员发现问题，拍照留存，并列明部位、存在问题、处理措施、各方责任人、限期完成时间等几个分项，定人定时定量落实，不放过任何一个问题。恒隆广场项目共提出 15000 多条过程销项，鲁能领秀城商业综合体共提出 21000 多条过程销项，均得到及时落实和处理。

6. 周质量检查和周质量例会制度。项目部要求每周组织一次全面的质量检查，并形成 PPT 文件，组织周质量专题会，找出工程实体质量的优点，加以巩固和发扬，对存在的问题，分析原因、制定措施、定人定时落实整改。达到了良好的控制质量的效果。

（二）安全监理目标控制

1. 对施工单位的安全生产责任制、安全生产保证体系进行检查审核，并督促其建立完善。对施工单位在施工过程中制定的各项安全措施进行检查、审核，并对其具体的实施情况进行监理。

2. 依照安全生产的法规、规定、标准及监理合同要求，督促协调施工单位从管理入手，在施工中执行各种规范，对可能发生的事故，采取预防措施，实施施工全过程的安全生产。及时制止和纠正各种违章作业，及时发现各种隐患，督促其整改。对其重大隐患和问题有权责令施工单位停工整改。

3. 每日巡视，并作好安全监理日记，每周对施工现场的安全用电、防护设施、消防器材的设置及防火、防事故措施的落实情况进行一次综合性的检查。每月应书面向建设单位工程项目管理组反馈安全监理情况，重大信息及时汇报。

4. 安全销项制度。项目部同样制定了安全销项制度，监理人员发现问题，拍照留存，并列明部位、存在问题、处理措施、各方责任人、限期完成时间等几个分项，定人定时定量落实，不放过任何一个问题。恒隆广场项目共提出 6300 多条过程销项，鲁能领秀城商业综合体共提出 9200 多条过程销项，均得到及时落实和处理，两个项目均未出现安全生产事故。

5. 监理项目部人员做到人人都是安全员，对自己负责的区域安全负责，并落实监理的安全交底和施工单位的安全班前会及班后总结。

6. 组织每天召开安全会，对当天安全存在的隐患即时整改落实。

（三）工程监理进度目标控制

进度控制管理的总任务就是使工程建设实际进度符合项目总进度计划要求及不同阶段、工种的实施进度计划要求，不同阶段、工种实施进度计划在执行过程中加以控制，对突破进度计划的提出调整和纠正措施，以保证工程项目按期竣工。

1. 制定由业主及施工方供应材料、设备的需用量及供应时间参数，编制有关材料、设备部分的采供计划。

2. 为工程进度款的支付签署进度、计量方面认证意见。

3. 组织现场协调会，并印发协调会纪要。

现场协调会职能：1）协调总包不能解决的内、外关系问题；2）上次协调会执行结果的检查；3）现场有关重大事宜。

4. 坚持监理工作日报制度。监理根据现场实际制作监理日报，每日向业主和施工方通报有关工程所有实施情况。

5. 总工期控制计划。总承包单位在工程开工前应按施工合同的规定及建设单位要求，编制施工总工期控制计划。分包单位也应在工程开工前编制施工工期控制计划，由总承包单位认可后呈报。

6. 月度施工计划。施工工期控制计划实行分级管理，承包单位必须按总工期控制计划的要求编制月度施工作业计划，呈报监理项目部及业主，分包单位通过总包单位进行协调报送监理项目部及业主。

7. 每周作业计划。监理工程师根据月进度计划每周定期审查施工单位的周进度计划及完成情况，及时分析周进度计划的完成对月进度计划完成的影响，并及时提出调整意见。

8. 工程进度计划的动态管理

1）监理工程师负责本专业施工进度的跟踪检查，总监理工程师负责收集进度的检查情况进行分析与评价。

2）监理项目部在每周协调会前，分析计划的完成情况，通过协调会议落实控制措施。

3）对工程总进度计划的检查，采用实际进度前锋线的方法进行跟踪；月度施工作业及周作业计划则采用实际进度进行跟踪对比检查，记录工程进度计划的实施情况。

9. 当发现工程实际进度严重偏离计划时，总监理工程师采取的对策：

1）组织监理工程师进行原因分析，提出解决措施或建议并签发"监理通知"，指示承包单位采取必要的措施。

2）召开各方协调会议，研究相应的解决措施，保证合同约定目标的实现，并形成会议记录。

3）除非建设单位同意对工程建设工期进行延期，否则，监理项目部将督促承包单位采取一切可行的措施，包括调整工序与施工作业安排来实现总进度监控计划的实现。

（四）投资目标控制

严格按照项目款支付程序进行项目款的支付，对承建单位提交的"项目款支付申请"进行严格的审查，严格对照合同相关的付款条款，对于符合合同规定的，再提交用户审批。经常检查项目款支付情况，对实际支付情况和计划支付情况进行分析比较，确保建设方的投资计划目标。

（五）合同及信息管理

在合同控制方面，监理单位协助建设单位拟定各合同的条款，参与合同的讨论和制定工作。项目开始时，监理人员认证学习，研究合同条款。在项目建设过程中，对合同确定的项目质量、工期、成本等执行情况进行及时分析和跟踪管理，合同执行有偏差的，及时向建设单位报告，并向承建单位提出意见，要求改进，督促各方严格履行合同。

在信息管理方面，整个项目建设的过程中，产生多种文件或文档，主要包括：1. 合同文件；2. 设计方案、实施方案；3. 产品文档；4. 过程中产生的各类文档；5. 监理方产出的周报、月报、阶段总结报告、会议纪要、监理通知、监理建议等。信息及文档管理贯穿整个工程实施的各个阶段。监理方对合同、设计方案等工程依据性文档及时归档并便查；对各方产出的过程文档进行接收、审查并转发给相关各方，保证了各方的沟通和信息共享；及时要求承建单位提交工程的阶段性成果文档，进行归档并及时提交用户；验收时要求整理提交最终的产品性文档；及时编制周报、总结报告、会议纪要等监理文档，提交用户并进行归档。总之，监理平时注意各类信息的收集、整理、归档并及时提交用户。保证信息的完整性，确保了系统建设各项活动的可追溯性。

（六）组织协调

监理方主要通过如下手段进行协调：1. 周例会制度：每周定期组织召开工作例会，要求各承建方按时参加，向建设方和监理方汇报上一周项目实施的情况和问题解决情况，汇报下一周的工作计划，并说明工作过程中遇到的困难和存在的问题。监理方协调解决项目存在的问题；2. 专题会议：对于工程中遇到的一些技术或业务的重点、难点时，监理方组织召开专题讨论会，进行研究分析和讨论；3. 协调会：对于某项工作各方处理意见不一致时，组织召开协调会，对问题进行客观的分析和讨论，公平公正地作出科学客观的协调；4. 书面通知：监理对项目建设过程中的要求及存在的问题，以监理通知、监理工作联系单、监理缺陷通知单的形式贯彻落实；5. 约谈：对项目的重大决策问题，通过约谈的方式，联系各参见方领导，取得各参建方公司层面的支持。

监理的协调工作，为项目的成功实施扫清了一个又一个障碍，在关键时刻一次又一次推动了项目的进展，有效地促进了项目的成功。

五、项目监理工作的总体评价

通过监理项目部的不懈努力和辛勤工作，监理工作得到了业界和参建各方的肯定和好评。工程各分项工程完工后分别组织了验收，各分项工程都实现了合同约定的建设内容，符合相关技术标准和要求，满足用户的实际需求，并实现了"鲁班奖"的目标。

地下综合管廊PPP项目绩效指标研究

安玉华　蔡国艳

自 2015 年起，地下综合管廊项目迎来建设高潮，PPP 模式正大规模地应用于地下综合管廊项目的建设中。目前中国综合管廊 PPP 项目缺乏相应的监督管理机制，而绩效考核是项目履约管理的手段之一，因此提高地下综合管廊 PPP 项目绩效管理水平有利于项目的健康发展，规范项目实施与运营。

目前，国内外已有不少学者对各类 PPP 项目的绩效考核进行了研究，研究角度及方法各有不同。穆智琼等从 PPP 项目的特征出发，基于平衡记分卡构建 4 个维度 16 个指标的绩效考核指标体系模型；岑仪梅等运用霍尔三维结构，从利益相关者的角度对项目全生命周期的绩效指标进行识别；Takim 等构建了"T-A 模型"，主要围绕着项目的效率和效能两个方面识别关键绩效指标。在以往的研究中，学者们都是从自身设定的目标出发去探寻指标，本文则基于地下综合管廊 PPP 项目 WBS 从具体的工作步骤出发，结合项目利益相关者的战略目标以及现有文献资料，提取关键成功因素（CSF）进而细

化为关键绩效指标（KPI），保证了指标的完整性以及可操作性。

一、地下综合管廊 PPP 项目 WBS 分解

WBS 是将一个工作项目按照一定的分解原则和方法，进行自上而下或者由粗到细的分解细化，形成多层次的子工作包。地下综合管廊 PPP 项目的建设周期长，按照项目操作流程分解工作，有利于得到有顺序、有逻辑的工作分解框架，同时有利于关键步骤的有效识别。

地下综合管廊 PPP 项目按照操作流程可以划分为项目立项、项目融资、项目准备、施工准备、项目施工、竣工验收、特许经营期内运营维护、移交、寻找新的运营商等 9 个阶段。按照项目的全生命周期又可以概括为项目前期、项目建设期、项目运营期 3 个阶段。项目分解框架如图 1 所示

二、基于 CSF 的关键绩效指标

（一）指标选取方法

1.关键绩效指标法。地下综合管廊

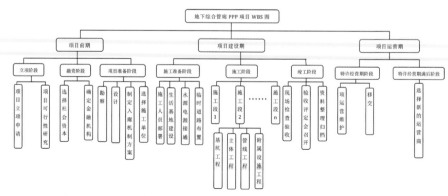

图1　地下综合管廊PPP项目WBS图

PPP 项目工作内容繁杂、建设时间长，若每项工作都进行绩效考核，则工作内容庞大，不具备可操作性，因此依据上述分解的地下综合管廊 PPP 项目 WBS，从项目各阶段的战略目标出发，选取关键成功因素，从而确定关键绩效指标，既具有可操作性又提高了工作效率。

2. 文献调研法。绩效指标选取时参考现有文献中学者所识别的绩效指标，对其进行分析与比较，并结合各级政府发布的关于绩效考核的文件，以文件中所表达的目标追溯绩效指标。

（二）指标选取原则

1. Smart 原则。绩效指标应是具体、可衡量、可达到、现实、有时限的，是一定时间内可以定性或定量衡量的某一特定工作目标。

2. 客观性原则。一个科学的体系应是可靠、牢固的，具有主观性的绩效考核指标会使结果存在波动，影响整体的考核结果，因此在提取指标时应尽可能地遵循客观性原则，以保证结果的可靠性。

（三）关键成功因素识别

PPP 项目的战略目标是以建设项目质量为根本出发点，致力于维护政府公信力，提升私营部门形象，提高社会公众满意度。由此可见，PPP 项目的战略目标即核心利益相关者的战略目标，地下综合管廊 PPP 项目的核心利益相关者即政府、社会资本、管线单位。本文基于各阶段项目核心利益相关者战略目标，从上文的地下综合管廊 PPP 项目 WBS 图出发识别关键成功因素，清晰、明确地反映各阶段的项目执行要点。

1. 综合管廊 PPP 项目前期关键成功因素识别

综合管廊 PPP 项目前期工作繁杂且至关重要。该阶段政府为了完善城市基础设施建设，进行项目的立项申请及可行性研究等前期准备工作，并引进社会资本组建 SPV 公司，在这一过程中政府关于项目必要性、可行性等研究的准确性、科学性关乎着项目的成败，所选择的社会资本方的综合实力则影响着以后工作的效率与效果，因此应该保证社会资本选择流程的正规性、标准性，注重对社会资本综合实力的考核。社会资本为了获得收益，特许经营期限、项目风险分配制度及回报机制是其该阶段的关注重点。管线单位作为地下综合管廊的直接使用者，入廊费及运营维护费的合理与否直接限制其入廊积极性。第三方服务机构提供的成果也关系着后续工作推进的顺利与否。同时健全的沟通机制有利于信息的交流，保证信息的及时性。据此提取 13 个地下综合管廊 PPP 项目前期 CSF，如表 1 所示。

2. 综合管廊 PPP 项目建设期关键成功因素识别

综合管廊 PPP 项目建设阶段决定着最终的工程造价以及工程质量。该阶段政府主要是进行监督与协调，影响着项目的进度与质量。社会资本在该阶段主要负责项目进度控制、质量控制、成本控制以及安全控制，管理第三方服务机构，因此管理人员的工作效率、能力以及各阶段工作的完成率对项目至关重要。管线单位在这一阶段主要是配合项目管理公司进行入廊工作，其关注的是工程的质量以及管线入廊的可操作性、便利性。施工对周围环境、交通、居民生活的影响也是政府关注的重点。据此提取出 10 个地下综合管廊 PPP 项目前期 CSF，如表 2 所示。

3. 综合管廊 PPP 项目运营期关键成功因素识别

地下综合管廊 PPP 项目的运营期的主要工作是运营维护以及特许期满后政府收回的运营权。政府的职责是按约定支付财政补贴，并监督项目公司履行合同所约定的义务，特许经营期满后进行项目清算，交接相关工作。在这过程中容易出现政府拖欠补贴费以及监管不

地下综合管廊PPP项目前期关键成功因素　　表1

阶段	利益相关者	CSF
立项阶段	政府	科学、合理的项目建议书
		准确、规范的可行性研究报告
		健全的信息沟通平台
融资阶段	政府	透明、规范的招投标流程
		社会资本强大的综合实力
		社会资本方丰富的PPP项目经验
		合理的融资结构
	社会资本	合理的特许经营期
		清晰的产权划分界限
		合理的风险分配制度
		合理的可行性缺口补助制度
项目准备阶段	管线单位	合适的入廊费
		合适的运营维护费
	第三方服务机构	规范、准确的勘察工作
		规范、完整的设计成果

地下综合管廊PPP项目建设期关键成功因素　　表2

阶段	利益相关者	CSF
建设期	政府	有效的监管
		协调能力
	社会资本	良好的进度管理
		良好的质量管理
		良好的成本管理
		良好的安全管理
	管线单位	入廊安装工作的可操作性、便利性
	公众	环境影响小
		交通影响小
		居民生活影响小

到位、工作交接不完整等问题。社会资本在运营期内主要目标是收回成本并最大程度的获得利益，然而地下综合管廊PPP项目往往投资成本大、回收期长，在运营阶段可能达不到预期的收益，因此灵活的价格机制有利于社会资本获得合理的收益。管线单位在该阶段的目标即获得满意的管廊服务，那么运营公司的维修效率及职责划分界面是重点。据此提取出 12 个地下综合管廊 PPP 项目前期 CSF，如表 3 所示。

地下综合管廊PPP项目运营期
关键成功因素　　表3

阶段	利益相关者	CSF
特许经营期阶段	政府	有效的监管
		按时支付政府财政补贴
	社会资本	合理的利润
		灵活的管廊定价机制
	管线单位	主体功能达标
		附属设施齐全
		高效的维修服务
		清晰的职责划分界面
特许经营期满后阶段	政府	工作交接完整
		资料归档完整、清晰
	社会资本	满意的收益
		获得高度的评价

三、地下综合管廊 PPP 项目关键绩效指标提取

（一）项目立项阶段关键绩效指标提取

前期是地下综合管廊 PPP 项目的核心阶段，该阶段成果文件较多且影响项目的整个过程，决定着项目的参与者与项目运作方式，绩效评价时，不仅仅要考虑经济、政治、环境等宏观的因素，还要对关键的成果文件及参与者的行为进行考核。结合上文的地下综合管廊 PPP 项目前期 CSF 细化指标如表 4 所示。

（二）项目建设阶段关键绩效指标提取

地下综合管廊PPP项目前期绩效指标　　表4

CSF	KPI
科学、合理的项目建议书	项目必要性论证的合理性与准确性
准确、规范的可行性研究报告	项目VFM的准确性及合理性
	经济环境调研的准确性
	政治环境调研的准确性
透明、规范的招投标流程	招标公开性、公平性、公正性
	招标程序合规性
	正确、规范的招投标文件
	招标代理机构的经验
健全的信息沟通平台	信息的对称性
社会资本强大的综合实力	社会资本的经济实力
	社会资本的技术水平
	社会资本的资质
社会资本方丰富的PPP项目经验	社会资本的PPP项目经验
合理的融资结构	融资结构的可行性
	融资机构的资质
	融资机构的经济实力
合理的特许经营期	项目是否能收回投资
清晰的产权划分界限	特许经营协议关于产权界限划分的合理性
合理的风险分配制度	风险分配制度的合理性
合理的可行性缺口补助制度	可行性缺口补助制度的合理性
合适的入廊费	入廊费的合理性
合适的运营维护费	运营维护费的合理性
规范、准确的勘察工作	勘察工作的规范性
规范、完整的设计成果	设计图纸的规范性及完整性

地下综合管廊 PPP 项目建设阶段绩效评价主要是对项目的质量、成本、进度、安全相关的工作进行考核，包括工程质量是否合格、项目是否有效利用、进度完成情况、安全事故发生情况等，结合上文的地下综合管廊 PPP 项目建设阶段关键成功因素细化指标如表 5 所示。

（三）项目运营阶段关键绩效指标提取

运营阶段地下综合管廊 PPP 项目开始产生效益与社会效应，项目的价值逐渐体现。该阶段主要考核各利益相关者的满意度及运营管理的质量，具体的细化指标如表 6 所示。

（四）地下综合管廊 PPP 项目全生命周期绩效指标体系

本部分基于上文识别得到的项目各阶段地下综合管廊 PPP 项目绩效指标，

从项目的全生命周期及利益相关者两个维度构建地下综合管廊 PPP 项目绩效指标体系，如表 7 所示。

地下综合管廊PPP项目建设期
绩效指标　　表5

CSF	KPI
有效的监管	政府部门的监管力度
协调能力	参与方沟通及时性、有效性
	参与方满意度
良好的进度管理	阶段内工程的完成情况
	进度预测水平
良好的质量管理	已完工程的质量情况
良好的成本管理	资金的使用情况
	成本的节约情况
良好的安全管理	安全工作的实施情况
	安全事故的发生情况
入廊安装工作的可操作性、便利性	管线单位对工程质量及布置的满意度
环境影响小	环境影响评价
交通影响小	交通影响评价
居民生活影响小	居民生活影响评价

CSF	KPI
有效的监管	政府的监管力度
按时支付政府财政补贴	财政补贴到位率
合理的利润	社会资本合理的收益率
灵活的管廊定价机制	管廊收费的市场性
主体功能达标	管廊质量合格率
	管线单位对管廊主体功能满意度
	政府对管廊主体质量满意度
附属设施齐全	附属设施配置率
	管线单位对管廊附属设施满意度
	政府对附属设置配置满意度
高效的维修服务	管线单位对管廊维修服务满意度
清晰的职责划分界面	运营公司与管线单位职责范围清晰度
工作交接完整	工作交接完整性
资料归档完整、清晰	项目资料归档的完整度及清晰度
满意的收益	社会资本对项目收益的满意度
获得高度的评价	政府对管廊效益的满意度
	社会资本的社会影响度
	公众对项目的满意度
	项目的社会效应

结语

中国对地下综合管廊PPP项目绩效评价的研究与实施都处于发展阶段，绩效考核的侧重点不同，但关键绩效指标差异性较小。本文从具体的工作步骤出发，对项目全生命周期的关键成功因素进行梳理识别出57个绩效指标，可操作性较强且考核时间节点划分明确。但指标体系仍不够完整，需要在项目的实际操作中进一步细化与调整，以期助力中国地下综合管廊PPP项目绩效考核工作健康发展。

地下综合管廊PPP项目绩效指标体系　　　　　　　　　　　　　　　　表7

阶段利益相关者	项目前期	项目建设期	项目运营期
政府	项目必要性论证的合理性与准确性 项目VFM的准确性及合理性 经济环境调研的准确性 政治环境调研的准确性 招标公开性、公平性、公正性 招标程序合规性 正确、规范的招投标文件 招标代理机构的经验 信息的对称性	政府部门的监管力度 参与方沟通及时性、有效性 参与方满意度	政府的监管力度 财政补贴到位率 政府对管廊主体质量满意度 政府对附属设置配置满意度 工作交接完整性 项目资料归档的完整度及清晰度 政府对管廊效益的满意度
社会资本	社会资本的经济实力 社会资本的技术水平 社会资本的资质 社会资本的PPP项目经验	阶段内工程的完成情况 进度预测水平 已完工程的质量情况 资金的使用情况 成本的节约情况 安全工作的实施情况 安全事故的发生情况	社会资本合理的收益率 管廊收费的市场性 管廊质量合格率 附属设施配置率 运营公司与管线单位职责范围清晰度 社会资本对项目收益的满意度
管线单位	入廊费的合理性 运营维护费的合理性	管线单位对工程质量及布置的满意度	管线单位对管廊主体功能满意度 管线单位对管廊附属设施满意度 管线单位对管廊维修服务满意度
其他	融资机构的资质 融资结构的可行性 融资机构的经济实力 项目是否能收回投资 特许经营协议关于产权界限划分的合理性 风险分配制度的合理性 可行性缺口补助制度的合理性 勘察工作的规范性 设计图纸的规范性及完整性	环境影响评价 交通影响评价 居民生活影响评价	社会资本的社会影响度 公众对项目的满意度 项目的社会效应

工程技术是安全管理的定海神针

周杰

四川瑞云建设工程有限公司

摘　要： 企业不消灭事故，事故最终会消灭企业。表象安全隐患、工序安全隐患、结构安全隐患以各种形态存在于施工现场，如何辨识？如何解决？安全管理需要甲方、乙方、监理及相关安全管理人员充分掌握工程技术，强有力的工程技术支撑和管理创新是今后工程安全管理的趋势和必然。

关键词 表象安全　工序安全　结构安全　本质安全

笔者粗略统计了一下，提起工程建筑安全管理，绝大多数同行认为，工程项目安全管理无非是戴好安全帽、系好安全带、穿好劳保鞋之类。安全管理科技含量极低，累死不讨好。更有甚者曰：在建筑工地混过半年的人都能胜任安全岗位。安全工作概括起来不就是三保、四口、五临边这 7 个字吗！这些管控手段的确是日常工作中常态化的管理手段，比较肤浅和单一。而更大体量、更大群体和更复杂结构工程的安全管理需要技术的注入和科学的工序搭接与排布。

时光倒退 40 年，人们对安全管理的认识很肤浅和单一，一支工程建设队伍，只要听话肯吃苦，就是个优秀的队伍，是个能打胜仗、硬仗的队伍。社会不断发展，工程技术日新月异，专业学者们逐渐发现安全管理是一门综合性学科。其主干学科包含心理学、统计概率学、工程技术、卫生环境学、工程力学和材料力学等。发现安全管理不是无章可循、杂乱无序，事故发生都是由量变到质变、渐变到突变的过程。只不过是对事故的先兆没有及时发现并采取相应的措施而酿成。换句话说安全管理注入技术管理后，将大大降低安全事故发生的概率。

从 1992 年在全国范围内全面推行工程监理制度以来，监理安全管理制度逐渐完善、形成体系。危大工程方案审查制度、专项方案和应急预案审查制度，林林总总多达 10 余项。监理人员的安全工作应该从何处入手？重点或核心内容在何处？监理的工程技术水平多高才能胜任专职安全管理岗位？安全管理和工程技术究竟有多大依存和关联？剥茧抽丝、化繁为简，笔者认为安全管理大致

可分为三个层级。脉络清晰后才有利于甲方、施工方、监理方在安全管理工作中迅捷形成共识，拿出隐患处理方案。

一、第三级是表象安全

所谓表象安全就是一眼就能看得见、辨得清的违章和风险。例如：施工现场不戴安全帽，高处作业不系安全带等。这些习惯性违章统称为表象安全隐患。表象安全隐患看似风险不大，但点多面广、时间周期长。

二、第二级是工序衔接安全

所谓衔接安全是由于施工工序安排不当造成的安全隐患。有一定的隐蔽性和麻醉性。例如：二楼、三楼临边砌砖，基坑底部又同时安排防水施工，就存在

坠物打击的可能。钢结构施工一面焊接、打磨，一面涂刷防腐漆，这类平行施工工序很容易酿成火灾等。工序衔接不合理同样会酿成恶性安全事故。

三、第一级是结构安全

所谓结构安全是科技含量较高，安全隐患潜伏性很强且危害极大的安全隐患。比如：超高层混凝土浇筑过程中，柱的混凝土标号较高，一般是C60P8，而梁和板一般是C40，低标号的混凝土绝对不能混入柱内。否则工程将造成重大结构安全隐患。超高层施工塔吊一般采用核心筒内爬式。施工单位为了赶进度，往往在核心筒四个牛腿混凝土强度尚未满足强度要求的情况下匆忙安装塔吊，其后果不堪设想。还有斜屋面支模架搭设，以及混凝土对称平衡浇筑，都是结构安全和技术措施的综合体现。

所以说安全管理脱离工程技术支撑便是无水之鱼、无源之水。一岗双责这四个字说得真好，一语道破了安全与技术唇亡齿寒、互相依存的关系。两者兼容互补、不可分割。

重庆市某房建项目地处闹市，属超高层，建筑高度156m，建筑面积为18万平方米。监理方入住后，大量的表象安全隐患清晰可见。基坑作业人员密集，挖机铲斗旋转范围安全距离不足，基坑临边坡顶材料堆放，临时用电线缆布设不合理，等等。实践表明表象安全注入技术含量后能事半功倍，前瞻性、预判性、大局观和嗅觉均上档次。2016年6月份，某总包单位搞了一次防尘降噪现场会，其中有项举措是把约1.5m高的隔音板安装在2m高的围墙上。外表上看美观、气派。但监理部透过表象发现

潜在的安全隐患，坚决不同意安装，并及时下发监理通知单，强调风荷载的破坏力，围墙基础的埋深不足，以及临边大街车辆行驶的振动，令其立即拆除。当年9月份基坑西面开挖，围墙基础部分土质疏松，监理部立即下发监理通知单令，强调土体的含水率过大、土体抗剪强度不足，要求总包立即进行基础加固。并把通知单和隐患照片均发到工程管理微信群里。结果第二天一早围墙向内垮塌了近5m。这两起典型案例均属表象安全，但通过工程技术参数阐明、解读后，更显得证据确凿、预判准确，极具说服力。表象安全很平凡，但注入科技含量后就显得很不平凡并有理有据。工程初期，作业面广人多，千头万绪，很容易触发安全事故。安全管理人员应该从心理学上多下功夫。首先要站在工人的立场去思考问题。工人来此干活的目的是为了赚钱，那么怎样才能平平安安的赚钱？稳稳当当的挣一辈子钱？出了安全事故不但挣不到钱反而拖累家庭，使家庭更加贫困。这些问题工人们经过掂量后觉得此话有理，抵触情绪、逆反心理便消除许多。心稳了就是安全技术交底的最佳时机。因为他们想要的生活与你想要的安全同步了、合拍了。违章处罚无可厚非，但逢案必罚不足取。心拢了，随后的环境卫生、食品卫生、现场安全管理就水到渠成、效果显著。表象安全问题依然还是一模一样，但注入了心理学、经教育与培训后，工人们从要我安全逐渐转化为我要安全的局面。

工程管理如果不懂工序衔接，不懂技术和标准，是管不好工程的，工序排布科学合理不但省时省工还增大了安全系数。比如：超高层大体积混凝土底板浇筑一般板厚2~4m，上万方混凝土连

续浇筑，工序衔接举足轻重。首先，原材料的管控。石子含泥量超标会导致结构开裂。混凝土氯离子含量超标会导致钢筋锈蚀。钢筋严重偏位或接头面积过大和锚固长度不足都将影响结构安全。浇筑过程中是分层法浇筑还是跳仓法浇筑？沉降缝设在什么地方？循环水降温和钢筋保护层厚度怎么控制？这些工序的排列组合均属工序安全的范畴。大型设备的安拆工序也涉及到工程安全。重庆某项目总包上报监理部6台塔吊安拆方案。粗略看问题不大，结合技术管理和工序逻辑关系再加以分析，问题立即浮现出来。例如：群塔之间大臂的间距是多少？拆卸时地下室结构的承载力是否满足吊车和整个大臂的荷载？甲方提供的电源能否同时满足6台塔吊的需求？周边高压线的防范措施是什么？等等。这些都是监理人员审核方案时必须要求总包单位描述清楚的，绝对不能含糊，否则贻害无穷。假如不懂施工工序、施工方法和工艺流程，怎么来管理安全？不懂技术标准和工序，何来隐患前瞻和防范超前？几年前，随意搭接工程施工工序，盲人摸象、踩着石头过河的作业方式造成的惨祸让人触目惊心。江西丰城电场安全事故死亡73人就是个典型案例。万丈高楼平地起，基础不牢地动山摇。这些建筑俗语都说明建筑主体、特别是超高层主体建筑基础的重要性。基础施工的工序必须逐项完成、逐项验收和逐项隐蔽。严格按照施工方案依次进行。带有隐患的基础一旦回填、隐蔽了，事故的祸根就此埋下。基坑底部沉降，工程桩入岩深度，底板钢筋型号、直径、对接、间距的核对确认。基坑周边围岩开裂沉降记录的检查，边坡土质稳定状况和地下水情况都必须严密关注。

周边的建筑、桥梁的稳定状况也是安全检查的重点。诸多的工序中排序是何等的重要！笔者观察过很多项目发现多数施工方、监理方和甲方往往只关注横道图，小项目采用横道图确实有方便之处，一目了然。但用于超大工程、复杂工程就力不从心了。工序排布混乱，安全隐患危机四伏。比如：某个分项工程的分包单位，为了自己的进度，招呼也不打一个，早早地把主干道挖断，其实该分包有大把的自由时差可用，可主干道挖断后延误了关键线路的总时差。如此带来的恶果是工人冒险作业，安全防护不到位等，怎么去索赔还说不清楚。所以监理通过对工序的把关与严格的管控，明白无误地告诉责任人每道工序不仅是保障现场施工人员的安全，更是保障将来入住人的安全，甚至遇到地震、台风等强地质灾害主体结构的安全。现代大型或超大型复杂结构工程，技术力量强的监理单位已经开始大量运用网络图和BIM技术对工序进行优化，以保证工序中安全、质量控制点和里程碑节点顺利完成。打大仗管理者一定要熟悉和运用网络图，要有大局观，舍小得而赢大利。

工程中质量控制点往往也是安全控制点，监理方和施工方应高度重视结构安全的管理，特别是超高层混凝土浇筑监理旁站过程中应重点关注如下结构安全施工：1. 梁板低标号混凝土不得混入柱内高标号混凝土。2. 钢筋加密区、直螺纹连接情况的检查。3. 支模架稳固状况包括梁底沉降状况的检查。4. 振捣密实情况及预埋件是否遗漏或歪斜。5. 工人是否在混凝土搅拌过程中私自加水，改变混凝土配合比。6. 板厚控制、板筋绑扎情况及防雷管线埋设情况，等等。超高层立柱变截面处一般都设定为质量控制点，

并讲究强柱弱梁理论。试问这算是安全还是工程技术？抛开技术的安全是浅层次的安全，蜻蜓点水、夸夸其谈的安全。在实际施工中苍白无力，全无指导意义。2018年某工程项目A栋主楼东面宴会厅钢结构施工，跨度达30m。监理部予以高度重视，24小时督战、管控。质量控制点有材质、焊条焊剂、坡口形式、对口间隙、拼缝质量、电流选择、组对方式、应力消除、探伤检验等，这些均属结构安全。表象安全控制点有吊装方案、吊车吨位确定、地面承载力确定、起吊方式、落位程序、施焊方法、应急措施等。以上事例中涵盖了大量的工程结构技术，只有精通构件结构的监理工程师才懂得安全控制的重点。类似例子不胜枚举，比如：深基坑冲孔灌注桩为什么塌孔？为什么断桩？坑底隆起或冒水，隧道洞口收敛过大、隧道拱顶沉降、松软土质注浆不足、桥梁合龙段高程偏差、板桩围堰或钢套箱围堰施工、隧道开挖是采用台阶式还是采用预留核心土式或眼镜工法？开挖方式与隧道截面积和土质有何关系？等等，结构安全隐患均会造成群死群伤的惨剧，安全责任重于泰山，结构安全责任更是重于喜马拉雅山。危大工程需编制专项施工方案，需专家论证。为何设雷池不得随意跨越？为何划定红线不得随意踩踏？是因为曾经有血的教训，有白发人送黑发人的哭声。危大工程是结构安全最显著的存在形式。目前，某项目主体已经完成，正在紧锣密鼓的进行幕墙安装，高空吊装作业安全防坠措施大家多少都懂一些。但楼层之间防火节点的安全控制很多管理人员往往忽视。比如：防火棉是否连续充填与固定？幕墙与主体结构上下是否存在间隙？否则一旦失火就容易窜火、窜烟，起不到防火效果，造成重大人员

伤亡。所以结构设计的安全牵扯到的安全内容有时是跨专业的。结构安全是保大厦不倒的最后屏障和保证。

一般所说的安全管理基本都是建设工程施工工期内的安全管理。今后的安全管理工作将会渗透或贯穿到工程全寿命周期。从立项开始，包括前期决策、勘察设计、工程施工、使用维护直至报废拆除，安全管理无处不在。决策风险、资金投入风险、财务风险、索赔、违约风险、合同签订履约风险等，每一条都牵扯到各自的安全责任和企业盈亏，安全管理无处不在、每时每刻。

如今的安全管理仅仅懂一点表象安全已远远不能满足现场施工和企业需要，复杂结构的安全和工序繁多的安全管理是每个专职安全人必须熟知的管理技能。再比如：隧道开挖过程中，专业安全人要加强对地质超前预报的检查和重视。包括拱顶下沉、地表开裂及下沉、围岩收敛过大、周边位移，等等。所以在个人的职业规划中要不断学习和充电。完善自己的安全知识和管理体系。说的更直白就是持有注册安全工程师证的，要力求再持有房建、市政建造师证以扩大知识面。比如：房建项目和地铁、轻轨、隧道或桥梁项目都各有特性，周边环境和地质条件也各有不同，所以安全管控的方法、手段以及指导理论、侧重点也各有所不同。这些工程领域包含了地质结构、承压水埋深、地基承载力、富含地下水深基坑开挖、地下连续墙施工、跨海大桥合龙及高程控制，等等。每一项都是安全与技术的结合。作为职业建筑人对待每一个标高、每一道轴线，每一处钢筋搭接或代换，以及每一次隐蔽验收，都必须一丝不苟。因为每一道数据和尺寸都是经过科学计算和论证的。

本质安全是安全管理人员孜孜不倦追求和倡导的安全。工程知识面广了自然就会融会贯通，相互启发。对表象安全、工序安全、结构安全隐患的预判都更加敏锐。知识底蕴深了，审方案、查现场也会底气十足、有理有据。比如：总包将各类专项施工方案上报监理部，专业技术较强的监理工程师便在脑海里迅速建模，利用大脑里的BIM对方案进行过滤、筛选和排序。将方案中潜在的安全隐患及时告知并令其修改和完善，甚至重新编写。从源头上就剔除、切断施工风险，降低工程造价和施工成本。再比如：深基坑开挖，毗邻居民楼，是降水还是回灌？不懂地质勘探技术，不懂止水帷幕和地下连续墙的施工工艺及隔水原理，对这类结构安全一般的安全管理人员无从下手。所以一岗双责，一专多能，员工皆为高素质的多面手，并熟悉各类安全技术规范，特别是国家强制性规范。这样的工程师（包括甲方、施工方、监理方的专职安全管理人员）企业是非常欢迎的。

表象安全、工序安全、结构安全由浅到深，有时互相交织、盘根错节。无论是甲方、施工方或监理方，都需要对安全隐患保持一份敬畏心理和警惕性，只有大家都知道后怕之后，管理上才能尽快达成共识。只要腿勤、眼勤、手勤、刻苦钻研工程技术，就会发现施工现场很多安全隐患都能对号入座，确有规律可循。并采取相应的防范措施，提前告知、提前交底和提前规避。特别是在当下，习主席提出并倡导的安全管理双轨制，也就是风险分级管控体系和隐患排查治理体系。这就对工程管理人员提出了更高的标准和要求。工程技术如果不过硬，安全管理工作充其量只能管管表象安全。而对工序安全和结构安全往往茫然不知所措、无从下手。所以每个职业建筑人，只要你涉足工程管理，或者说主抓工程安全管理，无论是甲方、施工方或监理方，都必须精通工程技术。总之一句话，工程技术是安全管理的定海神针。

《中国建设监理与咨询》征稿启事

《中国建设监理与咨询》是中国建设监理协会与中国建筑工业出版社合作出版的连续出版物，侧重于监理与咨询的理论探讨、政策研究、技术创新、学术研究和经验推介，为广大监理企业和从业者提供信息交流的平台，宣传推广优秀企业和项目。

一、栏目设置：政策法规、行业动态、人物专访、监理论坛、项目管理与咨询、创新与研究、企业文化、人才培养等。

二、投稿邮箱：zgjsjlxh@163.com，投稿时请务必注明联系电话和邮寄地址等内容。

三、投稿须知：

1. 来稿要求原创，主题明确、观点新颖、内容真实、论据可靠；图表规范、数据准确、文字简练通顺，层次清晰、标点符号规范。

2. 作者确保稿件的原创性，不一稿多投、不涉及保密、署名无争议，文责自负。本编辑部有权作内容层次、语言文字和编辑规范方面的删改。如不同意删改，请在投稿时特别说明。请作者自留底稿，恕不退稿。

3. 来稿按以下顺序表述：①题名；②作者（含合作者）姓名、单位；③摘要（300字以内）；④关键词（2~5个）；⑤正文；⑥参考文献。

4. 来稿以4000~6000字为宜，建议提供与文章内容相关的图片（JPG格式）。

5. 来稿经录用刊载后，即免费赠送作者当期《中国建设监理与咨询》一本。

本征稿启事长期有效，欢迎广大监理工作者和研究者积极投稿！

欢迎订阅《中国建设监理与咨询》

《中国建设监理与咨询》面向各级建设主管部门和监理企业的管理者和从业者，面向国内高校相关专业的专家学者和学生，以及其他关心我国监理事业改革和发展的人士。

《中国建设监理与咨询》内容主要包括监理相关法律法规及政策解读；监理企业管理发展经验介绍和人才培养等热点、难点问题研讨；各类工程项目管理经验交流；监理理论研究及前沿技术介绍等。

《中国建设监理与咨询》征订单回执（2020年）

订阅人信息	单位名称					
	详细地址				邮编	
	收件人				联系电话	
出版物信息	全年（6）期	每期（35）元	全年（210）元/套（含邮寄费用）		付款方式	银行汇款

订阅信息
订阅自2020年1月至2020年12月，_____套（共计6期/年）　　付款金额合计￥_____元。

发票信息
□开具发票（电子发票由此地址 absbook@126.com 发出） 发票抬头：　　　　　　　　　　　　　　　　　　　纳税人识别号：_____ 发票类型：一般增值税发票 接收电子发票邮箱：
付款方式：请汇至"中国建筑书店有限责任公司"
银行汇款 □ 户　名：中国建筑书店有限责任公司 开户行：中国建设银行北京甘家口支行 账　号：1100 1085 6000 5300 6825

备注：为便于我们更好地为您服务，以上资料请您详细填写。汇款时请注明征订《中国建设监理与咨询》并请将征订单回执与汇款底单一并传真或发邮件至中国建设监理协会信息部，传真 010-68346832，邮箱 zgjsjlxh@163.com。

联系人：中国建设监理协会　王月、刘基建，电话：010-68346832（征订咨询）
　　　　中国建筑工业出版社　焦阳，电话：010-58337250
　　　　中国建筑书店　王建国、赵淑琴，电话：010-68344573（发票咨询）

《中国建设监理与咨询》协办单位

北京市建设监理协会 会长：李伟	中国铁道工程建设协会 副秘书长兼监理委员会主任：麻京生	机械监理 中国建设监理协会机械分会 会长：李明安	京兴国际工程管理有限公司 执行董事兼总经理：陈志平
北京兴电国际工程管理有限公司 董事长兼总经理：张铁明	北京五环国际工程管理有限公司 总经理：汪成	咨询北京有限公司 中国水利水电建设工程咨询北京有限公司 总经理：孙晓博	鑫诚建设监理咨询有限公司 董事长：严弟勇　总经理：张国明
北京希达工程管理咨询有限公司 总经理：黄强	中船重工海鑫工程管理（北京）有限公司 总经理：姜艳秋	中咨工程建设监理有限公司 总经理：鲁静	赛瑞斯咨询 北京赛瑞斯国际工程咨询有限公司 总经理：曹雪松
中核工程咨询有限公司 董事长：唐景宇	天津市建设监理协会 理事长：郑立鑫	河北省建筑市场发展研究会 会长：蒋满科	山西省建设监理协会 会长：苏锁成
山西省煤炭建设监理有限公司 总经理：苏锁成	山西省建设监理有限公司 名誉董事长：田哲远	山西协诚建设工程项目管理有限公司 董事长：高保庆	山西煤炭建设监理咨询有限公司 执行董事、经理：陈怀耀
CHD 华电和祥 华电和祥工程咨询有限公司 党委书记、执行董事：赵羽斌	太原理工大成工程有限公司 董事长：周晋华	SZICO 山西震益工程建设监理有限公司 董事长：黄官狮	神剑 SHENJIAN 山西神剑建设监理有限公司 董事长：林群
山西省水利水电工程建设监理有限公司 董事长：常民生	正元监理 晋中市正元建设监埋有限公司 执行董事兼总经理：李志涌	陕西中建西北工程监理有限责任公司 总经理：张宏利	中泰正信工程管理咨询有限公司 总经理：董殿江
吉林梦溪工程管理有限公司 总经理：张惠兵	沈阳监理 SHENYANG SUPERVISION 沈阳市工程监理咨询有限公司 董事长：王光友	DBCM 大保建设管理有限公司 董事长：张建东　总经理：肖健	上海市建设工程咨询行业协会 会长：夏冰
建科咨询 JKEC 上海建科工程咨询有限公司 总经理：张强	上海振华工程咨询有限公司 Shanghai Zhenhua Engineering Consulting Co., Ltd. 上海振华工程咨询有限公司 总经理：梁耀嘉	BUREAU VERITAS　SPM 上海建设监理咨询 上海市建设工程监理咨询有限公司 董事长兼总经理：龚花强	同济咨询 TJEC 上海同济工程咨询有限公司 董事总经理：杨卫东
青岛信达工程管理有限公司 董事长：陈辉刚　总经理：薛金涛	胜利监理 SHENGLI PROJECT MANAGEMENT 山东胜利建设监理股份有限公司 董事长兼总经理：艾万发	江苏誉达工程项目管理有限公司 董事长：李泉	江苏建科建设监理有限公司 董事长：陈贵　总经理：吕所章
LCPM 连云港市建设监理有限公司 董事长兼总经理：谢永庆	江苏赛华建设监理有限公司 董事长：王成武	中源管理 ZHONGYUAN MENGMENT 江苏中源工程管理股份有限公司 总裁：丁先喜	安徽省建设监理协会 会长：陈磊
合肥工大建设监理有限责任公司 总经理：王章虎	江南管理 浙江江南工程管理股份有限公司 董事长总经理：李建军	华东咨询 HUADONG CONSULTING 浙江华东工程咨询有限公司 董事长：叶锦锋　总经理：吕勇	浙江嘉宇工程管理有限公司 ZHEJIANG JIAYU PROJECT MANAGEMENT CO.,LTD 浙江嘉宇工程管理有限公司 董事长：张建　总经理：卢甬
浙江求是工程咨询监理有限公司 董事长：晏海军	甘肃省建设监理有限责任公司 Gansu Construction Supervision Co.,Ltd. 甘肃省建设监理有限责任公司 董事长：魏和中	福州市建设监理协会 理事长：饶舜	厦门海投建设监理咨询有限公司 法定代表人：蔡元发　总经理：白皓

《中国建设监理与咨询》协办单位

驿涛项目管理有限公司 董事长：叶华阳	业达建设管理有限公司 总经理：倪莉莉	河南省建设监理协会 会长：陈海勤	建基工程咨询有限公司 副董事长：黄春晓
郑州中兴工程监理有限公司 执行董事兼总经理：李振文	河南建达工程建设监理公司 总经理：蒋晓东	河南清鸿建设咨询有限公司 董事长：贾铁军	中汽智达（洛阳）建设监理有限公司 董事长兼总经理：刘耀民
河南省光大建设管理有限公司 董事长：郭芳州	中元方工程咨询有限公司 董事长：张存钦	方大国际工程咨询股份有限公司 董事长：李宗峰	河南长城铁路工程建设咨询有限公司 董事长：朱泽州
河南兴平工程管理有限公司 董事长兼总经理：洪源	湖北省建设监理协会 会长：刘治栋	武汉华胜工程建设科技有限公司 董事长：汪成庆	湖南省建设监理协会 常务副会长兼秘书长：屠名瑚
甘肃经纬建设监理咨询有限责任公司 董事长：薛明利	湖南长顺项目管理有限公司 董事长：潘祥明　总经理：黄劲松	广东省建设监理协会 会长：邓强	广州市建设监理行业协会 会长：肖学红
深圳市监理工程师协会 会长：方向辉	广东工程建设监理有限公司 总经理：毕德峰	广州广骏工程监理有限公司 总经理：施永强	广西大通建设监理咨询管理有限公司 董事长：莫细喜　总经理：甘耀域
重庆市建设监理协会 会长：雷开贵	重庆赛迪工程咨询有限公司 董事长兼总经理：冉鹏	重庆联盛建设项目管理有限公司 总经理：雷开贵	重庆华兴工程咨询有限公司 董事长：胡明健
重庆正信建设监理有限公司 董事长：程辉汉	重庆林鸥监理咨询有限公司 总经理：肖波	林同棪（重庆）国际工程技术有限公司 总经理：祝龙	四川二滩国际工程咨询有限责任公司 董事长：郑家祥
中国华西工程设计建设有限公司 董事长：周华	云南省建设监理协会 会长：杨丽	云南新迪建设咨询监理有限公司 董事长兼总经理：杨丽	云南国开建设监理咨询有限公司 董事长兼总经理：黄平
贵州省建设监理协会 会长：杨国华	贵州建工监理咨询有限公司 总经理：张勤	贵州三维工程建设监理咨询有限公司 董事长：付涛　总经理：王伟星	西安高新建设监理有限责任公司 董事长兼总经理：范中东
西安铁一院工程咨询监理有限责任公司 总经理：杨南辉	西安普迈项目管理有限公司 董事长：李三虎	西安四方建设监理有限公司 总经理：杜鹏宇	华春建设工程项目管理有限责任公司 董事长：王勇
陕西华茂建设监理咨询有限公司 总经理：阎平	新疆昆仑工程咨询管理集团有限公司 总经理：曹志勇		

雄安新区启动区金融岛开发建设投融　雄安设计中心前期管理、造价咨询
资测算

中国商飞总装制造中心（C919大飞机）上海迪士尼度假区项目

天津于家堡金融区项目群　黄石新型城镇化 PPP 项目（国家发改委
PPP 示范项目）

南京河西金融集聚区项目群　山东兖州百项工程项目

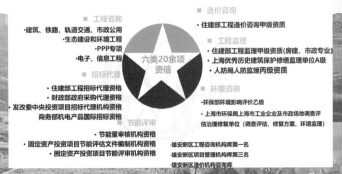

背景图：内蒙古乌梁素海流域　山水林田湖草生态保护修复试点工程项目

同济咨询 TJEC 上海同济工程咨询有限公司

党建 会建 廉建 齐头并进
聚智 凝心 汇力 砥砺前行

上海同济工程咨询有限公司（以下简称"同济咨询"）是同济大学优秀骨干企业，是全国最早开展工程项目管理和工程咨询服务的试点单位之一，也是同济大学近年来着力打造的工程咨询版块重点单位，并于2017年入选40家全过程工程咨询试点单位名单。

公司成立近三十年来，依托同济大学在多个强势学科的专业、技术及人才优势，已具备国家发改委、住建部、财政部、交通部、质量监督局等多部委、多行业在工程咨询、工程项目管理、工程造价咨询、招投标代理、政府采购代理、工程监理、节能评估、污染场地评估等领域的六大类20余项资质资信。

同济咨询的服务周期涵盖了工程项目从投资决策、项目实施至竣工的各个环节，目前已形成决策、管理、技术、政策、信息、法律等六大服务版块，服务产品主要包括投资项目前期决策咨询与评估、项目管理与代建、工程造价咨询、招投标与采购代理、工程监理、工程技术咨询、第三方评价与后评估、环境工程咨询、信息化咨询、政府行业与企业咨询等。同济咨询积极开拓1+X全过程工程咨询服务体系，创新型服务产品不断延展。

截至目前，公司已累计承接、完成各类工程管理及咨询项目达万余项，并获得了包括鲁班奖、国家银质奖、中国市政金奖、优秀工程咨询成果奖等国家及省市级在内的各类奖项700余项，以成为中国工程领域最具影响力、并享有国际盛誉的综合咨询服务企业为目标，秉承着"拼搏、进取、务实、创新"的企业精神，同济咨询始终在前行！

企业负责人信息

杨卫东 上海同济工程咨询有限公司 董事总经理

同济大学教授级高工，中国工程监理大师，上海同济工程咨询有限公司董事总经理，同济大学经管学院研究生导师。中国建设监理协会专家委员会副主任，上海市建设工程咨询行业协会副会长，上海建设工程咨询行业协会专家委员会主任，上海市工程咨询行业协会项目管理委员会常务副主任，英国皇家特许建造师学会和英国皇家特许测量师学会会员等。长期从事建设工程咨询和监理领域的理论研究、政策法规和行业标准的起草工作，以及工程咨询企业的管理实践工作，曾参与了《建设工程监理规范》《建设工程项目管理试行办法》《建设工程咨询分类标准》等制订工作，主编了《全过程工程咨询实践指南》《工程咨询方法与实践》《工程项目管理理论与实务》等著作。

鑫诚建设监理咨询有限公司

　　鑫诚建设监理咨询有限公司是主要从事国内外工业与民用建设项目的建设监理、工程咨询、工程造价咨询等业务的专业化监理咨询企业。公司成立于1989年，前身为中国有色金属工业总公司基本建设局，1993年更名为"鑫诚建设监理公司"，2003年更名登记为"鑫诚建设监理咨询有限公司"，现隶属中国有色矿业集团有限公司。公司目前拥有冶炼工程、房屋建筑工程、矿山工程甲级监理资质，设备监理（有色冶金）甲级资质，矿山设备、火力发电站设备及输变电设备三项设备监理乙级资质。拥有工程造价咨询甲级资质和工程咨询甲级资质，中华人民共和国商务部对外承包资质，QHSE质量、健康、安全、环境管理体系认证证书。

　　公司成立20多年来，秉承"诚信为本、服务到位、顾客满意、创造一流"的宗旨，以雄厚的技术实力和科学严谨的管理，严格依照国家和地方有关法律、法规政策进行规范化运作，为顾客提供高效、优质的监理咨询服务，公司业务范围遍及全国大部分省市及中东、西亚、非洲、东南亚等地，承担了大量有色金属工业基本建设项目，以及化工、市政、住宅小区、宾馆、写字楼、院校等建设项目的工程咨询、工程造价咨询、全过程建设监理、项目管理等工作，特别是在铜、铝、铅、锌、镍等有色金属采矿、选矿、冶炼、加工，以及环保治理工程项目的咨询、监理方面，具有明显的整体优势、较强的专业技术经验和管理能力。公司的工程造价咨询和工程咨询业务也卓有成效，完成了多项重大、重点项目的造价咨询和工程咨询工作，取得了良好的社会效益。公司成立以来所监理的工程中有6项工程获得建筑工程鲁班奖（其中海外工程鲁班奖两项），26项获得国家优质工程银质奖，118项获得中国有色金属工业（部）级优质工程奖，获得其他省（部）级优质工程奖、安全施工奖、文明施工示范奖40多项，获得北京市建筑工程长城杯19项，创造了丰厚的监理咨询业绩。

　　公司在加快自身发展的同时，积极参与行业事务，关注和支持行业发展，认真履行社会责任，大力支持社会公益事业，获得了行业及客户的广泛认同。1998年获得"八五"期间"全国工程建设管理先进单位"称号；2008年被中国建设监理协会等单位评为"中国建设监理创新发展20年先进监理企业"；1999年、2007年、2010年、2012年连续被中国建设监理协会评为"全国先进工程建设监理单位"；1999年以来连年被评为"北京市工程建设监理优秀（先进）单位"；2013以来连续获得"北京市监理行业诚信监理企业"。公司员工也多人次获得"建设监理单位优秀管理者""优秀总监""优秀监理工程师""中国建设监理创新发展20年先进个人"等荣誉称号。

　　目前公司是中国建设监理协会会员、理事单位，北京市建设监理协会会员、常务理事、副会长单位，中国工程咨询协会会员、国际咨询工程师联合会（FIDIC）团体会员、中国工程造价管理协会会员、中国有色金属工业协会会员、理事，中国有色金属建设协会会员、副理事长，中国有色金属建设协会建设监理分会会员、理事长。

赞比亚谦比希年产15万吨粗铜冶炼工程（获得境外工程鲁班奖）

江西铜业集团公司20万吨铅锌冶炼及资源综合利用工程（部优工程）

哈萨克斯坦国巴甫洛达尔年产25万吨电解铝项目（2012年国优）

大冶有色股份有限公司10万吨铜冶炼项目（国家优质工程奖）

北方工业大学系列工程（获得多项北京建筑长城杯奖）

江铜年产30万吨铜冶炼工程（新中国成立60年百项经典暨精品工程）

北京中国有色金属研究总院怀柔基地

中国铝业遵义80万吨氧化铝工程

背景图：缅甸达贡山镍矿工程（国家优质工程奖）

莫细喜董事长　　　　　甘耀域总经理

南宁国际会展中心 A 广场　　南宁经开区北部湾东盟总部基地

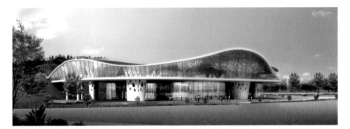

南宁规划展示馆

广西壮族自治区二招会议及宴会中心　　广西民族大学西校区图书馆

柳州会展会议中心　　　　柳州地王国际财富中心

桂林苏桥工业园　　　　　邕江大学新校区鸟瞰图

背景：河池水电公园鸟瞰图

广西大通建设监理咨询管理有限公司

广西大通建设监理咨询管理有限公司成立于 1993 年 2 月 16 日，是中国建设监理协会会员单位、广西工程咨询协会常务理事单位、广西建筑业联合会常务理事单位，也是广西壮族自治区南宁市建设监理协会副会长单位。本公司拥有房建工程监理甲级和市政工程监理甲级及机电安装工程监理甲级资质；工程咨询单位乙级资质；同时拥有工程招标代理、人防监理、水利水电监理、公路监理的乙级资质，获得了质量管理体系 GB/T 19001-2016、职业健康安全管理体系 GB/T 28001-2011 和环境管理体系 GB/T 24001-2016 认证证书。本公司主要从事房建、市政、人防、水利水电、公路等各类建设工程在项目立项、节能评估、编制项目建议书和可行性研究报告、工程项目代建、工程招标代理、工程设计施工等各个建设阶段的咨询、评估、工程监理、项目管理和技术咨询服务。

人才是企业立足之本，也是为业主提供优质服务的重要保证。公司现有员工 550 余名，在众多高级、中级、初级专业技术人员中，国家注册咨询工程师、监理工程师、结构工程师、造价工程师、设备工程师、安全工程师、人防工程师、一级建造师和香港测量师共占 203 名。各专业配套的技术力量雄厚，办公检测设备齐全，业绩彪炳，声威远播。至 2017 年 12 月末，累计完成有关政府部门和企事业单位委托的项目建议书、可行性研究报告、项目代建、招标代理、方案优选、工程监理等技术咨询服务 1700 余项，其中包括广西二招（荔园山庄）、邕江大学新校区、南宁北部湾科技园总部基地、柳州地王国际财富中心、北海人民医院、广西民族大学图书馆、南宁规划展示馆、南宁快速环道 A 标 C 标、百色起义纪念馆、红军桥及迎龙山公园、柳州卷烟厂新厂、桂林苏桥工业园、贵港东湖治理、玉林体育馆、河池水电公园、龙州龙鼎大酒店、凭祥书画院等。足迹遍及广西大地和海南省部分市县，积累了丰富的经验。获得业主的良好评价。经过 25 年的锤炼，积淀了本公司"大通"鲜明特色的企业文化，成功地缔造了"大通"品牌，多次被住建部和中国监理协会评为全国建设监理先进单位，多年被评为广西壮族自治区、南宁市先进监理企业，多年获得广西和南宁工商行政管理局授予的"重合同守信用企业"称号，累计获国家"鲁班奖""国家优质工程""广西优质工程"等奖项 290 余项，为国家和广西各地经济发展作出了应有的贡献。

广西大通建设监理咨询管理有限公司愿真诚承接业主新建、改建、扩建、技术改造项目工程的建设监理和工程咨询及项目管理业务，以诚信服务让业主满意为奋斗目标，用一流的技能、一流的水平，为业主工程提供一流的技术服务，全力监控项目的质量、进度、投资、安全，做好合同管理、信息资料、组织协调工作，使业主建设项目尽快产生投资效益和社会效益！

地　址：广西南宁市科园大道盛世龙腾 A 座 13 楼
电　话：0771-3859252　3810535
传　真：0771-3859252
邮　编：530007
邮　箱：gxdtjl@126.com
网　址：www.gxdtjl.com

上海市建设工程咨询行业协会

上海市建设工程咨询行业协会 Shanghai Construction Consultants Association（SCCA），成立于 2004 年 3 月，是由上海市从事工程监理、工程造价、工程招标代理、工程咨询，以及建设全过程项目管理等咨询服务企事业单位及其他相关经济组织、高校、科研单位等机构自愿组成的跨部门、跨所有制、非营利的行业性社会团体法人，也是全国首家集工程监理、工程造价和工程招标代理为一体的建设工程咨询行业协会。

协会业务范围涵盖行业规范、行业调研、行业评比、课题研究、业务培训、国内外信息技术交流、技术咨询、制定行业工作标准、行业宣传及推介、资料编辑出版，以及建设行政主管部门委托的各项职能等。自成立以来，协会始终在规范行业发展、加强行业服务和推进行业交流方面发挥着积极的作用。目前协会拥有会员单位 453 家，其中具监理资质企业 200 余家、具造价咨询资质企业 150 余家、具招标代理资质企业 150 余家。协会下设项目管理委员会、监理专业委员会、造价专业委员会、招标代理专业委员会、专家委员会、自律委员会、信息化委员会、行业发展委员会和法律事务委员会等，以发挥沟通、协调、自律、服务职能为中心，以提高行业综合实力为目标，积极开展促进行业发展的各项工作。协会创办了《上海建设工程咨询》月刊，建立了"上海建设工程咨询网"和微信公众号，以行业发展战略为指导，贯彻和执行国家有关工程建设领域的各项政策，为增强会员企业的市场竞争力，保障行业健康有序的发展，促进本市乃至全国的建设工程咨询行业的发展提供优质服务。

与此同时，协会还组建了上海市建设工程咨询行业协会青年从业者联谊会，加强行业内青年从业人员之间的交流，提升行业内青年从业人员在行业和本协会发展中的参与度，吸引更多优秀的青年人才加入行业中。

协会将不断发挥自身优势，引领行业、服务企业、沟通政府、培养人才、加强自律、树立标杆、搭建平台、交流合作，认真贯彻党的各项政策和方针，与广大会员单位携手同心，致力于城市建设提供优质的工程咨询管理服务，促进工程项目建设水平和综合效益不断提高。

《上海市建筑业行业发展报告》系列丛书　年度示范监理项目部成果汇编

地　址：上海市虹口区中山北一路 121 号
　　　　B2 栋 3001 室
电　话：+86-21-63456171
传　真：+86-21-63456172
网　址：www.scca.sh.cn

沪川工程咨询高峰论坛

上海建设工程咨询大讲坛

工程监理法律风险研讨会　　　　　学习沙龙

中国建设监理协会委托"BIM 技术在监理工作中的应用"'住房城乡建设部关于促进工程监理行业转型升级创新发展的意见'实施情况评估"等课题研究

建设工程项目管理高级培训班

行业党建　　　　　　　　　　协会青年从业者联谊会活动

上海市建设工程咨询行业新年音乐会

上海市建设工程咨询行业城市定向户外挑战赛

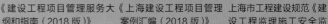

《建设工程项目管理服务大纲和指南（2018 版）》　《上海建设工程项目管理案例汇编（2018 版）》　上海市工程建设规范《建设工程监理施工安全监督规程》

重庆大学主教学楼
2008年度中国建设工程鲁班奖
第七届中国土木工程詹天佑奖

大足宝顶山提档升级工程
总建筑面积约55797.04m²

重庆市万州体育场
总建筑面积：3.1万平方米

重庆市三峡移民纪念馆
总建筑面积：1.5万平方米

重庆大学虎溪校区图文信息中心
2010—2011年度中国建设工程鲁班奖

四川烟草工业有限责任公司西昌分厂
整体技改项目
2012—2013年度中国建设工程鲁班奖

重庆朝天门国际商贸城
总建筑面积：54.8万平方米

重宾保利国际广场
2015—2016年度中国安装工
程优质奖（中国安装之星）

重庆建工产业大厦
2010—2011年度中国建设工程鲁班奖

重庆大学虎溪校区理科大楼
2014—2015年度中国建设工程鲁班奖

重庆林鸥监理咨询有限公司

重庆林鸥监理咨询有限公司成立于1996年，是隶属于重庆大学的国家甲级监理企业，主要从事各类工程建设项目的全过程咨询和监理业务，目前具有住房和城乡建设部颁发的房屋建筑工程监理甲级资质、市政公用工程监理甲级资质、机电安装工程监理甲级资质、水利水电工程监理乙级资质、通信工程监理乙级资质，以及水利部颁发的水利工程施工监理丙级资质。

公司结构健全，建立了股东会、董事会和监事会，此外还设有专家委员会，管理规范，部门运作良好。公司检测设备齐全，技术力量雄厚，现有员工800余人，拥有一支理论基础扎实、实践经验丰富、综合素质高的专业监理队伍，包括全国注册监理工程师、注册造价工程师、注册结构工程师、注册安全工程师、注册设备工程师及一级建造师等具有国家执业资格的专业技术人员125人，高级专业技术职称人员90余人，中级职称350余人。

公司通过了中国质量认证中心ISO 9001：2015质量管理体系认证、GB/T 28001-2011职业健康安全管理体系认证和ISO 14001：2015环境管理体系认证，率先成为重庆市监理行业"三位一体"贯标公司之一。公司监理的项目荣获"中国土木工程詹天佑大奖"1项，"中国建设工程鲁班奖"6项，"全国建筑工程装饰奖"2项，"中国房地产广厦奖"1项，"中国安装工程优质奖（中国安装之星）"2项及"重庆市巴渝杯优质工程奖""重庆市市政金杯奖""重庆市三峡杯优质结构工程奖""四川省建设工程天府杯金奖、银奖"、贵州省"黄果树杯"优质施工工程等省市级奖项130余项。公司连续多年被评为"重庆市先进工程监理企业""重庆市质量效益型企业""重庆市守合同重信用单位"。

公司依托重庆大学的人才、科研、技术等强大的资源优势，已经成为重庆市建设监理行业中人才资源丰富、专业领域广泛、综合实力最强的监理企业之一，是重庆市建设监理协会常务理事、副秘书长单位和中国建设监理协会会员单位。

质量是林鸥监理的立足之本，信誉是林鸥监理的生存之道。在监理工作中，公司力求精益求精，实现经济效益和社会效益的双丰收。

地　址：重庆市沙坪坝区重庆大学B区
电　话：023-65126150
传　真：023-65126150
网　址：www.cqlinou.com

甘肃省建设监理有限责任公司
GANSU CONSTRUCTION SUPERVISION CO., LTD.

甘肃省建设监理有限责任公司，成立于1993年，是中国首批甲级资质国有监理企业，甘肃省建设监理协会会长单位。公司拥有房屋建筑工程监理甲级、市政公用工程监理甲级、机电设备安装工程监理甲级、化工石油工程监理甲级；冶炼工程监理乙级、水利水电工程监理乙级、人民防空工程监理乙级资质；拥有建设工程造价咨询乙级、信息系统集成涉密资质乙级资质，具备招标代理资格，2001年通过ISO 9001质量管理体系认证。

公司拥有各类专业技术人员260人、高级以上职称44名、中级职称118名；拥有国家注册监理工程师88名、注册造价工程师12名、一级建造师13名、二级建造师及其他注册人员36名，注册执业人员比例高达46.1%。公司下设5个中心、9个事业部，业务范围涉及工程监理、项目管理、招投标代理、造价咨询、数字化建筑信息模型、无人机航拍、建筑行业教育培训、建筑信息模型资格考试。

公司所监理的项目荣获了国家、省（部）级、市级质量奖100项。其中"詹天佑奖"1项、"鲁班奖"4项、"飞天金奖"8项、"飞天奖"65项、"白塔金奖"和"白塔奖"22项。

公司始终坚持"精益求精、科学公正、质量第一、优质服务"的质量方针；一贯倡导"诚信、团结、创新、实干"的企业精神；严格恪守"守法、诚信、公正、科学"的执业准则，赢得了广大业主的赞誉和社会的认可。

公司将以科学的态度、雄厚的技术、真诚的服务与您携手合作，共创精品工程。

甘肃建投"聚银新都"住宅小区1、3～9号楼
荣获2017年度詹天佑奖

武威市雷台公园基础设施建设工程
荣获2004年度鲁班奖

甘肃省人民医院门诊急诊楼荣获2005年度飞天金奖

舟曲8.8特大山洪泥石流地质灾害纪念公园
荣获2012~2013年度鲁班奖

甘肃会展中心建筑群-大剧院兼会议中心项目
荣获2012~2013年度鲁班奖

兰州航天煤化工设计研发中心
荣获2016年度鲁班奖

长城大饭店工程

深圳市委于2018年6月授予深圳市监理行业党委《先进基层党组织》

深圳市住建局于2018年2月授予深圳监理协会《深圳住建系统先进协会》

深圳市社会组织总会于2018年1月授予深圳市监理工程师协会为深圳社会组织《风云榜社会组织》

深圳市纪委、市民政局于2018年3月联合授予深圳市工程监理行业党委《深圳市行业自律试点工作先进单位》

深圳市召开全市工程监理行业廉洁从业工作会议

10名监理企业领导代表所有在深从业的监理企业在会议现场上签署自律公约

中国建设监理协会王早生会长、温健副秘书长莅临深圳监理协会调研指导工作

深、汉、杭、穗、蓉、津、沈、镐（西安）、哈九城市工程监理行业协会签署《城市工程监理行业自律联盟活动规则》

深圳市监理工程师协会
SHENZHEN PROJECT MANAGEMENT ENGINEERS ASSOCIATION

党建 会建 廉建 齐头并进
聚智 凝心 汇力 砥砺前行

深圳市监理工程师协会成立于1995年12月，在20多年的发展过程中一直秉承为会员服务、反映会员诉求、规范会员行为的服务宗旨，目前有企业会员200余家，从业人员2.5万余名。

2015年12月，在市两新组织党工委、市社会组织党委和市住建局的关怀下，深圳市工程监理行业党委（下称：监理行业党委）正式成立，从成立至今，行业党委着力于推进基层党组织建设，以党建为引领，将党建工作嵌入行业管理，提升党建覆盖率；把"两学一做"融入工程监理工作，发挥基层党组织的战斗堡垒作用；以廉洁从业为抓手，规范行业自律，推行廉洁自律六项禁止；实施联合激励联合惩戒，积极开展与城市行业协会的交流协作。

一、三建共融，开展行业廉洁从业工作

在市两新组织纪工委、社会组织党委及政府相关主管部门指导下，在深圳市工程监理行业党委的领导下，成立行业自律组织"深圳监理行业廉洁从业委员会"，依托监理协会开展行业廉洁从业工作，制定了行业廉洁从业委员会工作规则，深入开展行业廉洁从业工作。全面签署《深圳监理行业廉洁自律公约》，接受监理行业廉洁自律公约约束和市监理行业廉洁从业委员会的行业自律管理；推行《深圳市监理行业廉洁自律六项禁止》，推进行业廉洁从业制度化、常态化建设；实施《深圳市工程监理企业信用管理办法（试行）》和《深圳市工程监理从业人员管理办法（试行）》，开展监理企业信用评价和从业人员信用管理，2018年1月正式启动全市监理企业信用评价工作，对监理企业信用开展初始评价、实时评价和阶段评价。

二、三力齐聚，实施联合激励联合惩戒

在市住建局的指导和支持下，协会致力于推动实现"监理企业信用评价与政府主管部门信用管理制度相衔接，监理企业信用评价成果与监理招标的衔接，监理行业廉洁自律惩戒与政府惩戒机制相衔接"三个衔接，把守信联合激励和失信联合惩戒机制落到实处，并同时建议所有招标人在监理招标过程中，同等情况下优先选择已签订《深圳市监理行业廉洁自律公约》且信用等级较高的监理企业和信用较好的从业人员，有效推动了企业信用评价成果的应用。目前，《深圳市工程监理企业信用管理办法（试行）》将与市住建局建筑市场信用管理办法接轨工作正在进行中，这是实现"三个衔接"的重要环节。

政府、协会、企业形成合力，协会"三建共融，三力齐聚"的做法，在创新办会模式、实现资源共享、增强廉洁自律威慑、维护监理市场秩序、宣传工程监理制度、推动行业转型升级等方面发挥了重要作用，受到了深圳市委、市纪委、民政局、住建局和社会组织总会的肯定及表彰。

深圳市工程监理行业党委
深圳市监理工程师协会

山东胜利建设监理股份有限公司

山东胜利建设监理股份有限公司，是一家集工程监理与工程技术咨询于一体的技术服务型企业，成立于1993年4月，2009年4月首批取得国家工程监理综合资质，同年取得山东省招投标代理资质，2010年取得国家设备监理资格和山东省造价咨询资质。公司前身是胜利油田工程建设监理公司，原属胜利油田二级单位，2004年8月从胜利油田改制分流成为有限责任公司，更名为胜利油田胜利建设监理有限责任公司；2015年7月运作新三板挂牌，2015年10月经山东省工商局核准更名为：山东胜利建设监理股份有限公司，2016年2月完成在全国中小企业股份转让系统挂牌，2016年11月并购了北京石大东方设计咨询有限公司。

公司于1999年通过了ISO9001质量管理体系认证，2002年完成ISO9000：2000版的转换；2003年通过职业安全健康管理体系和环境管理体系认证；2008年通过GB 19001：2008，GB/T 24001-2004，GB/T 28001-2001三体系整合后的审核；2013年修订管理手册和程序文件；2000年取得国家发展与改革委员会颁发的甲级工程咨询资质；2000年成为国际FIDIC协会成员。

公司执业人员专业配套齐全。现有职工746余人，其中，高级技术职称177人，中级技术职称380人。总监理工程师执业资格46人，国家注册监理工程师88人，注册设备监理工程师28人，注册造价师12人，注册咨询工程师11人，注册一级建造师25人，注册一级结构师1人，中国石化集团公司注册监理工程师168人，山东省道桥专业监理工程师26人，山东省工程监理从业资格275人。专业监理工程师涵盖石油化工、房屋建筑、电力工程、市政工程、海洋工程等十几个专业。

公司主营业务：工程监理、工程设计、招标代理、造价咨询、项目管理等。

公司于1999年、2006年、2010年、2013年四次被评为全国"先进工程建设监理单位"。2003—2017年荣获"东营市工程监理先进单位""山东省监理企业先进单位"等称号；2000—2017年连续荣获中国石油化工集团公司"先进建设监理单位"；2005—2017年度获"省级守合同重信用企业"；2008年获得中国建设监理创新发展20年"工程监理先进企业"称号。

公司始终坚持以"科学监理，文明服务，信守合同，顾客满意"为宗旨，以"以人为本，诚信求实，创新管理，激活潜能"为经营理念，坚持"遵规守法，优质服务；持续改进，顾客满意；安全可靠，健康文明；预防污染，保护环境"的管理方针。成立近23年来，已累计完成4500多项工程，项目总投资近千亿元。公司监理的新疆牙哈凝析油气田产能建设项目、中原油田第三气体处理厂、垦东12海油陆采平台、老168进海路及海油陆采平台、川气东送工程、桥东油田青东5块产能建设等二十余项工程分别被评为中国石油天然气集团公司优质工程金质奖、中华人民共和国国家质量金质奖、中华人民共和国国家质量银质奖、中国石油化工集团公司"优质工程奖工程"、山东省建筑工程质量"泰山杯"奖、山东省装饰装修工程质量"泰山杯"奖、全国建筑工程装饰奖、山东省新中国成立60年60项精品工程等省级以上奖。

取得国家综合监理资质后，公司可承揽：房屋建筑工程、冶炼工程、矿山工程、化工石油工程、水利水电工程、电力工程、农林工程、铁路工程、公路工程、港口与航道工程、航天航空工程、通信工程、市政公用工程、机电安装工程等14个专业范围的工程监理、项目管理、技术咨询等业务。

地　址：山东省东营市垦利区淄博路31号
电　话：0546-8798811

胜利监理董事长兼总经理艾万发　　胜利监理西郊大厦

胜利油田石油化工总厂技改项目

胜利油田中心三号平台项目

胜利老168块新区产能建设项目

桥东油田青东5块新区产能建设项目

火力发电厂及油田输变电

垦东12海油陆采平台及进海路项目

川气东送项目

西气东输二线项目（广州－深圳支干线）

滨州海洋化工项目

首都机场三号航站楼

雄安市民服务中心项目

鄂尔多斯机场项目

武汉国际博览中心项目

中国移动信息港项目

中央储备粮库镇江直属库

南昌万达城项目

辽宁盘锦乙烯项目

大连南部滨海大道工程

张家界经吉首至怀化铁路项目

北京地铁 6 号线西延工程

三亚市妇幼保健院项目

于家堡金融区起护区 03-16
地块及地下空间项目工程

上海鲁能 JW 万豪侯爵
酒店项目
埃及城市之星项目

中咨工程建设监理公司

中咨工程管理咨询有限公司（原中咨工程建设监理有限公司）成立于 1989 年，是中国国际工程咨询有限公司的核心骨干企业，注册资金 1 亿元。公司是国内从事工程管理类业务最早、规模最大、行业最广、业绩最多的企业。为顺应行业转型发展的需要，公司于 2019 年更名为中咨工程管理咨询有限公司（简称"中咨管理"）。

中咨管理具有工程咨询甲级资质、工程监理综合资质以及设备、公路工程、地质灾害防治工程、人民防空工程等多项专业监理甲级资质，并列入政府采购招标代理机构和中央投资项目招标代理机构名单。公司具备完善的工程咨询管理体系和雄厚的专业技术团队，通过了 ISO 9001:2015 质量管理体系、ISO 14001:2015 环境管理体系和 ISO45001:2018 职业健康安全管理体系认证；现有员工约 3800 人，其中具备中高级职称人数 2100 多人，各类执业资格人员近 1600 人。

业务涵盖工程前期咨询、项目管理、项目代建、招标代理、造价咨询、工程监理、设备监理、设计优化、工程质量安全评估咨询等项目全过程咨询服务。行业涉及房屋建筑、交通（铁路、公路、机场、港口与航道）、石化、水利、电力、冶炼、矿山、市政、生态环境、通信和信息化等多个行业。

公司设有 24 个分支机构，业务遍布全国及全球近 50 个国家和地区，累计服务各类咨询管理项目超过 10000 个，涉及工程建设投资近 5 万亿元。包括国家千亿斤粮库工程、国家体育场（鸟巢）、首都机场航站楼、杭州湾跨海大桥、京沪高铁、雄安高铁站、京新（G7）高速公路、武汉长江隧道、大飞机工程、空客 A320 系列飞机中国总装线、岭澳核电站、红沿河核电站、天津北疆电厂、百万吨级乙烯、千万吨级炼油、武汉国际博览中心、雄安市民服务中心、重庆三峡库区地质灾害治理、深圳大运中心，以及全国 23 个大中型城市轨道项目等众多国家重点工程；还有埃塞俄比亚铁路、老挝万万高速公路、孟加拉卡纳普里河底隧道、哈萨克斯坦阿斯塔纳市轻轨、缅甸达贡山镍矿等一大批海外项目的工程监理、项目管理、造价咨询等服务，其中荣获 50 项中国建设工程鲁班奖、10 项中国土木工程詹天佑奖、51 项国家优质工程奖以及各类省级或行业奖项 400 余项。

经过 30 年的不懈努力，我们积累了丰富的工程管理经验，为各类工程建设项目保驾护航，"中咨监理"品牌成为行业的一面旗帜。为适应高质量发展的需要，公司制定了"122345"发展战略，以全过程工程管理咨询领先者为发展目标，加快推进转型升级和现代企业制度建设，着力改革创新，做活、做强、做优，坚持走专业化、区域化、集团化、国际化的发展道路，大力开展人才建设工程、平台建设工程、技术研发与信息化建设工程、品牌建设工程、企业文化建设工程等五大专项建设工程，矢志不渝地为广大客户提供优质、高效、卓越的专业服务，为国家经济建设和社会发展作出积极贡献。

背景图：埃塞俄比亚的斯亚贝巴至吉布提铁路项目

湖北省建设监理协会

一、湖北省监理行业的起步与发展

为贯彻建设部《关于开展建设监理工作的通知》的指示精神，湖北省建设厅于 1990 年颁布了《湖北省建设监理试点方案》，将武汉、襄樊、荆沙等地市列为监理试点城市。湖北省建设监理公司、湖北华隆工程建设监理公司、铁四院（湖北）工程建设监理公司等企业相继成立，经建设部批准为临时甲级资质。到 2000 年，全省成立了建设工程监理单位 200 余家，正式甲级资质企业有 12 家；100% 地、市、州和 80% 县及县级市都成立了监理公司；拥有注册监理工程师 2500 余人，从业人员达 10000 余人。据 2018 年统计，全省已注册的监理企业达 273 家，已有综合资质的 6 家；全省从业人员 36722 人，其中注册监理工程师 5568 人，建筑师 112 人，建造师 1642 人，造价工程师 929 人，咨询工程师 264，其他注册执业人员 96 人，成为名副其实的高智商、知识密集型行业。

二、行业协会的组织建设

湖北省建设监理协会成立于 1995 年，于当年 12 月 27 日召开了第一次会员代表大会，入会单位 76 家，选出（单位）理事 16 名，常务理事 10 名，副理事长 4 名，理事长 1 名。目前，协会的会员单位已发展到 273 家，其中有理事单位 84 家，常务理事单位 28 家，副会长单位 10 家，会长单位 1 家；监事 4 名，监事长 1 名。协会积极开展理论科研工作，按季出刊《湖北建设监理》；主编了《湖北地区建设工程监理总监理工程师培训教材》（2002 年）、《纪念中国建设监理制度创新发展 20 周年特刊》（2008 年）和《湖北省建设工程监理与相关服务招标文件示范文本》（2016 年电子化一、二版）；与其他单位合编了《湖北省建设监理人员教育培训教材》（2010 年）、《注册监理工程师培训教材》（2018 年）等。2017 年 3 月 15 日，协会与省住建厅正式脱钩后，协会把服务重心真正转向企业和行业，更好地为行业企业提供政策咨询和智力支撑。脱钩不脱管，积极协助、配合政府部门抓好行业管理工作，在 2019 年清理"挂证"的行动中，通过及时、广泛地宣传政策法规，保证了政府法令的落实到位。并充分发挥公益职能，搭建行业智库，护航企业发展，将专家委员会分成法务、工程咨询、继续教育、诚信自律等专家组开展活动，其研究成果即将出版成册。

三、代表性工程

武汉市民之家，获 2012-2013 年度鲁班奖，武汉鸿诚工程咨询管理有限责任公司监理，2013 年 7 月接受习近平总书记视察。

武汉大学人民医院外科综合大楼，获 2010-2011 年度鲁班奖，武汉工程建设监理咨询有限公司监理。

湖北省博物馆综合陈列馆，获 2008 年度鲁班奖，武汉华胜建设科技有限公司监理，2018 年 4 月习近平同印度总理莫迪来此参观精品文物展。

辛亥革命博物馆，获 2013 年度鲁班奖，武汉宏宇建设工程咨询有限公司监理，2018 年 5 月接待中国国民党荣誉主席连战一行并题字。

重庆两江新区两江大道南北延长段王家沟大桥，获 2014—2015 年度鲁班奖，长江工程监理咨询有限公司（湖北）监理。

武汉鹦鹉洲长江大桥，获 2016—2017 年度鲁班奖，铁四院（湖北）工程监理咨询有限公司、中铁武汉大桥工程咨询监理有限公司监理。

云南大朝山水电站枢纽，获 2004 年度鲁班奖，葛洲坝集团项目管理有限公司监理。

襄阳科技馆新馆项目，获 2015—2016 年度"中国钢结构金奖"，湖北公力工程咨询服务有限公司监理，2015 年 8 在此召开全国钢结构工程现场观摩会。

协会第二届会员大会合影

2018 年六届三次常务理事扩大会

协会编写的文献资料

武汉市民之家

武汉大学人民医院外科综合大楼

湖北省博物馆综合陈列馆

辛亥革命博物馆

重庆两江新区两江大道南北延长段王家沟大桥

武汉长江鹦鹉洲大桥

云南大朝山水电站枢纽

襄阳科技馆新馆项目

安徽时代大世界（高 66 层）

常州大学怀德学院

大丰都市环保生物质发电项目

江苏誉达工程项目管理有限公司

　　江苏誉达工程项目管理有限公司（原泰州市建信建设监理有限公司），是泰州市首家成立并取得住建部审定的甲级资质的监理企业，现具有房屋建筑甲级、市政公用甲级、人防工程甲级、文物乙级监理资质，公路工程监理丙级资质，以及造价咨询乙级、招标代理乙级资质，工程咨询丙级资质。

　　自 1996 年成立至今风雨兼程整整 20 年，公司从一个十多人小作坊发展成现在拥有各专业工程技术人员 393 人的中型咨询企业，其中国家注册监理工程师 60 人，江苏省注册监理工程师 37 人，人防监理工程师 82 人，结构工程师、一级建造师、设备工程师、安全工程师、造价师、招标师 30 人次。公司注重人才培养和技术进步，每年有 50 篇论文发表在国内各行业期刊上。

　　公司自成立以来，监理了 200 多个大、中型工程项目，主要业务类别涉及住宅（公寓）、学校及体育建筑、工业建筑、医疗建筑及设备、市政公用、园林绿化及港口航道工程等多项领域，有 20 多项工程获得省级优质工程奖；1999 年、2005 年、2009 年、2011 年被评为江苏省建设厅"优秀监理企业"；2008 年获江苏省监理协会"建设监理发展二十周年工程监理先进企业"；历年被评为江苏省"先进监理企业"、泰州市"先进监理企业"及靖江市"建筑业优秀企业"；十多人次获江苏省优秀总监或优秀监理工程师称号。

　　公司的管理宗旨为"科学监理，公正守法，质量至上，诚信服务"，自 2007 年以来连续保持质量管理、环境管理及健康安全体系认证资格。2014—2015 年公示为全国重合同守信用企业（AAA 级）。

　　公司注重社会公德教育，加强企业文化建设，创建学习型企业，打造"誉达管理"品牌，努力为社会、为建设单位提供优质的监理（工程项目管理）服务。

靖江绿城玉兰花园　　　　　　　　泰州市人民医院

江苏建科工程咨询有限公司

江苏建科工程咨询有限公司是目前江苏省监理行业规模最大，技术实力强大的多元化咨询服务企业，创建于 1988 年，在国内率先开展建设监理及项目管理试点工作，是全国第一批成立的社会监理单位，1993 年由国家建设部首批审定为国家甲级资质监理单位，现为中国建设监理协会副会长单位。2017 年更名为江苏建科工程咨询有限公司。

公司资质：公司现为国家高新技术企业，具有工程监理综合资质、人防监理甲级资质、工程造价咨询甲级资质。为国家住建部认定的第一批全过程工程咨询试点企业（全国共 40 家，江苏仅 1 家监理企业），同时为江苏省城市轨道交通工程质量安全技术中心、南京市民用建筑监理工程技术研究中心挂牌单位、南京市装配式建筑 BIM 应用示范基地创建单位。

强大依托：公司为江苏省建筑科学研究院有限公司的子公司，建科院是江苏省内最大的综合性建筑科学研究和技术开发机构，也是全国建设系统重点科研院所之一。

业务范围：全过程工程咨询、工程监理、项目管理、招标代理、造价咨询、总控咨询（督导）、BIM 技术咨询服务、工程项目应用软件开发等。公司以高新技术为支撑（科研课题、BIM 技术应用），优先发展全过程工程咨询、项目管理、招标代理、造价咨询等非监理业务，提高信息化管理水平（门户网站、手机客户端），进一步扩大公司的影响力，提高知名度。监理业务中，优先发展市政工程等非房建工程。

业绩与荣誉：公司自成立以来，已承担房屋建筑工程监理面积超过 5000 万平方米、水厂及污水处理厂监理约 1450 万吨、给排水管线约 1000km、道路桥梁约 480km、地铁工程约 200 亿元，所监理的各类工程总投资约 3500 亿元。包括大中型工业与民用工程监理项目 600 多项，其中高层和超高层项目 260 多项，已竣工项目 90% 为优良工程。近年来荣获鲁班奖 28 项，国家优质工程奖 6 项，詹天佑奖 1 项，钢结构金奖 4 项，省优工程 300 余项。

2004 年至今，每年均被授予江苏省"示范监理企业"称号。1995 年、1999 年、2004 年、2006 年、2008 年、2010 年、2012 年、2014 年连续 8 次获得全国建设监理先进单位称号，为全国唯一连续 8 次获此殊荣的监理企业。

科研创新：长期以来，公司重视科研创新工作，参与的课题多次获得奖项。其中获江苏省科技进步三等奖 2 项、江苏省科技进步四等奖 2 项、江苏省建设科学技术一等奖 1 项、中国施工企业管理协会科学技术二等奖 1 项、江苏省建设工程招投标管理二等奖 1 项、江苏省建设工程招投标管理三等奖 1 项、南京市科学技术进步奖三等奖 1 项、华夏建筑科学技术二等奖 1 项。

面对市场机遇和挑战，公司坚持以模块化、集约化、综合性、混合型为原则，以打造"一流信誉、一流品牌、一流企业"为目标，积极倡导"以人为本，精诚合作、严谨规范、内外满意、开拓创新、信誉第一、品牌至上、追求卓越"的价值理念及精神。

地　址：江苏省南京市建邺区嘉陵江东街 18 号 6 栋 14 层
网　址：www.jsjkzx.com

国优——河西新闻中心

国优——南京国际展览中心

国优——新城总部大厦

鲁班奖——苏州金鸡湖大酒店

鲁班奖——南京鼓楼医院

鲁班奖——青奥会议中心

鲁班奖——中银大厦

鲁班奖——省特种设备安全监督检验与操作培训实验基地工程

鲁班奖——东南大学图书馆

市政金杯——南京城北污水处理厂

南京地铁 2 号线苜蓿园站

南京青少年科技活动中心

鲁班奖——江苏广电城

紫峰大厦

中海河山郡项目

兰州新区综合保税区项目

麦积山石窟保护项目一期

经纬监理

甘肃经纬建设监理咨询有限责任公司

　　甘肃经纬建设监理咨询有限责任公司成立于1995年，独立法人单位。现拥有房屋建筑工程、矿山工程、市政公用工程、文物保护工程监理甲级资质；公路工程、冶炼工程、化工石油工程、电力工程、人防工程、地质灾害治理工程乙级资质；水利工程丙级监理资质；造价咨询、文物保护勘察设计乙级等资质。

　　公司现有在册职工781人，其中高级工程师116人，工程师223人，助理工程师280多人；公司现具有各类国家注册人员239名；具有甘肃省建设工程专家库成员资格21人；所有专业人员均接受过国家住建部、住建厅或公司本部等不同层次的监理专业培训。

　　公司按照监理业务的特点，本着高效、精干、权责一致的原则，设置了综合办、财务部、经营部、技术质检部4个职能部门，以及若干项目监理部、造价咨询部、招标代理部等二级生产部门。公司部门之间依据职能，分工合作，具有完善的项目投标评审、合同签订评审、技术文件审批等管理流程。

　　公司以项目监理部为标准生产单位，由技术质检部牵头，组织成立公司内部质量安全检查组，每月对公司所有监理项目覆盖式检查一次，并在每月一次的公司生产会上评比通报检查结果，主动消除项目监理过程中的隐患和不足，及时与业主沟通，解决问题，努力争取达到使每一个业主满意的质量目标。

　　为强化现场监理工作，公司不断完善和创新工作手段，陆续建立了公司网页、员工网群、公司V网，创建了公司内部期刊，以便内部交流学习，展示公司形象及动态；公司还根据项目特性，配备相关设备，对于重点项目，还配备了摄像机、视频监控设备及汽车等交通工具；公司还每年定期内部业务学习，邀请省内各专业著名专家、学者为员工授课培训，提高业务技能；公司一直秉承"经纬＝军队＋学校＋家庭"的管理理念，以军队的纪律严格管理；创造学校般的氛围帮助员工的进步成长；以家人的温情彼此关心；让每一个员工在工作中发现快乐，在快乐中享受工作。公司成立了工会、党支部组织；公司按规定和每位员工签订劳动合同，购买养老保险，定期发放防暑降温用品，送员工生日蛋糕等福利；定期组织聚会、旅游等活动，极大丰富了员工的业余生活。

　　近年来，公司已完成监理工程800多项，业务遍及省内各地并拓展到北京、广东、海南、山东、山西、湖南、辽宁、河南、四川、陕西、宁夏、青海、内蒙古、云南、贵州、新疆、西藏等18个省市，完成监理工程投资总额680多亿元。

　　公司始终秉承"公平、独立、诚信、科学"的原则，诚信为本，以较高的履约率和监理工作质量赢得了广大业主的信赖和赞誉。2012年被授予"2011—2012年度中国工程监理行业先进工程监理企业""贯彻实施建筑施工安全标准示范单位"的荣誉称号；2013年被推选为"中国建设监理协会理事单位"，连续四年获得"守合同重信用"单位荣誉称号。近年来获得甘肃省飞天奖表彰的工程33项，各地州市级质量奖项25项，省级文明工地表彰41项。

　　目前，公司已顺利地完成了股份制改造后的第一个十年计划，达到了"省内一流、国内争先"的目标，现正顺利地向第二个十年计划迈进。相信公司以"诚信"为基础，以人才为根本，以技术为先锋，一定能完成下一个奋斗目标，发展成为一个企业文化厚重、核心竞争力强大，国内一流，国际争先，受客户尊重的企业！

印尼金川WP&RKA红土镍矿项目

城投·格林庭院项目

平凉市博物馆项目

甘肃省广播电影电视总台（集团）广播
电视中心及专家公寓公租房项目

平凉市新区绿地公园项目

地　址：甘肃省兰州市城关区红星巷64号昶荣城市印象2512号
电　话：0931-8630698（传真）、4894313
网　址：http://www.gsjwjl.com.cn
邮　箱：gsjwjlgs@163.com

浙江求是工程咨询监理有限公司

浙江求是工程咨询监理有限公司坐落于美丽的西子湖畔，是一家专业从事建筑服务的企业，致力于为社会提供全过程工程咨询、工程项目管理、工程监理、工程招标代理、工程造价咨询、工程咨询、政府采购等大型综合性建筑服务。

公司始终坚守"让业主满意、给行业添彩、为中国工程管理多作贡献"的价值追求，坚持"以品质赢市场、以创新促发展、以管理树品牌"的理念，深耕市场开拓，加强质量管控，健全管理制度和标准体系，强化人才支撑。公司综合实力逐年增强，业务快速发展，范围覆盖全国，获得众多工程奖项及荣誉，行业美誉和影响力不断提升。自2013年以来连续名列全国百强监理企业。

公司具有工程监理综合资质、工程招标代理甲级资质、工程造价咨询甲级资质、工程咨询单位甲级资质、人防工程监理甲级资质。系全过程工程咨询试点企业，具备开展全过程工程咨询的能力。

公司目前拥有各类专业技术人员1200余人，其中中高级职称900余人，国家注册监理工程师180余人，省注册监理工程师280余人，注册人防监理工程师50余人，注册造价师20余人，注册咨询师10余人，注册安全工程师10余人，一级建造师40余人；还有注册设备监理工程师、一级结构师、注册招标师、信息系统监理工程师等30余人。全部人员经培训上岗，具有坚实的专业理论和丰富工程实践经验，以及专业配套齐全的工程建设监理队伍，积累了丰富的工程监理经验。

公司为中国建设监理协会理事单位、中国工程咨询协会理事单位、浙江省信用协会副会长单位、浙江省全过程工程咨询与监理管理协会副会长单位、浙江省人防监理专业委员会常务副主任单位、浙江省工程咨询行业协会常务理事单位、浙江省招标投标协会副会长单位、浙江省风景园林学会常务理事单位、浙江省建设工程造价协会理事单位、浙江省绿色建筑与建筑节能行业协会理事单位、杭州市全过程工程咨询与监理管理协会副会长单位、杭州市龙游商会执行会长单位、衢州市招投标协会副会长单位。荣获全国先进监理企业、全国守合同重信用单位、全国浙商诚信示范单位，并连续12年荣获浙江省优秀监理企业、连续8年荣获浙江省招投标领域信用等级AAA、连续12年荣获浙江省AAA级守合同重信用企业、连续16年荣获银行资信AAA级企业；拥有浙江省知名商号、浙江省著名商标、浙江省工商信用管理示范单位、浙江省企业档案工作合格单位、杭州市建筑监理行业优秀监理企业、杭州市工程质量管理先进监理企业、杭州市级文明单位、杭州市建设监理企业信用等级优秀企业、西湖区建筑业质量安全文明先进企业、西湖区建筑业社会责任先进企业、西湖区建筑业成长型企业、西湖区重点骨干企业等荣誉。

近年来，浙江求是工程咨询监理有限公司已承接的监理项目达4000多项，建筑面积8000多万平方米，监理造价4000多亿元，广泛分布于浙江省各地及安徽、江苏、江西、贵州、四川、河南、天津、海南、福建、青海、广东等。近几年公司承接的监理业务380多项获国家、省、市（地）级优质工程奖，其中有12项国家级工程奖、82项省级优质工程奖、316项获得市级优质工程奖、112项获省文明标化工地称号、336项获市文明标化工地称号。一直以来得到了行业主管部门、各级质（安）监部门、业主及各参建方的广泛好评。

地 址：杭州市西湖区余杭塘路与花蒋路交叉口东南西溪世纪中心3号楼12A层

邮 编：310012

电 话：0571—81110603（综合办、人力资源部）
　　　　0571—81110602（市场部）

电 话：0571—89731194

网 址：http://www.zjqiushi.cn

邮 箱：qsjl8899@163.com

杭州之浦路立交桥

杭州师范大学仓前校区

杭州地铁2号线二期工程

福建晋江第二体育中心（18万平方米）

临平理想银泰城（地铁上盖超高层物业，45万平方米）

年年红影视基地（100万平方米）

西溪湿地公园

衢州市书院大桥（单跨150m）

衢州市文化艺术中心和便民服务中心项目（全过程工程咨询，25万平方米）

桐庐富春峰景·世纪花园（48层，22万平方米）

河南郑州博物、美术、档案史志馆

温州瓯江口三甲医院（16万平方米）